普通高等院校"十四五"应用型人才培养系列教材

U0183861

无线局域网技术
（理论篇）

黄　斌　李　健◎主编

中国铁道出版社有限公司
CHINA RAILWAY PUBLISHING HOUSE CO., LTD.

内 容 简 介

本书围绕无线网络工程项目建设和技术认证要求，全面地讲解无线局域网工程施工过程中需要掌握的专业知识和专业技能，主要包括无线网络技术基础、无线传输技术及信号、WLAN 传输协议、WLAN 设备、配置无线局域网设备、FAT AP 组网技术、FIT AP+ 无线控制器 AC 组网技术、保护无线局域网安全、无线局域网优化、无线网络地勘与设计和常见故障处理等内容。

全书以项目化教学方式为基础，以知识"必需、够用"为原则，讲解了无线网络系统的设计理念、组建实施及维护，帮助读者快速掌握无线网络工程技术。本书既可以作为高等院校计算机网络相关专业的教材或教学参考书，也可供网络技术人员、网络管理人员及网络爱好者阅读和参考。

图书在版编目（CIP）数据

无线局域网技术 . 理论篇 / 黄斌，李健主编 .—北京：
中国铁道出版社有限公司，2022.8（2024.1 重印）
普通高等院校"十四五"应用型人才培养系列教材
ISBN 978‑7‑113‑29329‑1

Ⅰ.①无… Ⅱ.①黄… ②李… Ⅲ.①无线电通信 –
局域网 – 高等学校 – 教材 Ⅳ.① TN926

中国版本图书馆 CIP 数据核字（2022）第 111684 号

书　　名：**无线局域网技术（理论篇）**
作　　者：黄 斌　李 健

策　　划：唐 旭　　　　　　　　　　　编辑部电话：（010）63549508
责任编辑：陆慧萍　贾淑媛
封面设计：郑春鹏
封面制作：刘 颖
责任校对：孙 玫
责任印制：樊启鹏

出版发行：中国铁道出版社有限公司（100054，北京市西城区右安门西街 8 号）
网　　址：http://www.tdpress.com/51eds/
印　　刷：三河市兴博印务有限公司
版　　次：2022 年 8 月第 1 版　2024 年 1 月第 2 次印刷
开　　本：787 mm×1 092 mm 1/16　印张：11.5　字数：265 千
书　　号：ISBN 978-7-113-29329-1
定　　价：36.00 元

版权所有　侵权必究

凡购买铁道版图书，如有印制质量问题，请与本社教材图书营销部联系调换。电话：（010）63550836
打击盗版举报电话：（010）63549461

前 言

随着移动互联网的普及，越来越多的人习惯并且喜欢使用无线网络，随时随地享受无线网络带来的便捷。国家正在大力推进无线网络建设，实现轨道交通、机场、学校、医院、商场、站场等公共区域的全覆盖。随着无线网络工程项目持续建设，无线网络工程师已成为网络技术领域一个细分岗位，为此国内外一线网络技术厂商均开设无线专项技术认证，这些认证是无线网络工程师重要的从业资质，并纳入IT服务商和系统集成商的资质考核中。

本书从高职院校培养应用型、技能型人才的目标出发，以知识"必需、够用"为原则，围绕无线网络工程项目建设对无线网络地勘设计、设备安装与调试、管理与优化、无线局域网安全等工作任务要求，以无线控制器（AC）、无线接入点（AP）、交换机、无线终端、无线地勘软件等为载体，以项目方式设计全书内容，完整讲述了无线网络地勘设计、设备安装与调试、管理与优化、无线局域网安全等工作任务实施所需要的相关理论与实践内容，帮助读者快速掌握无线网络工程技术。

本书内容共分为11个项目，下面分别对每个项目内容进行简单介绍：

项目一：了解WLAN技术基础知识。学习WLAN技术，首先认识无线局域网，包括无线局域网的定义、优点、面临的挑战与问题，同时阐述主要的无线技术、无线局域网组织与标准、802.11协议的发展进程。

项目二：掌握无线传输技术基础知识。掌握无线传输技术基础知识，以便能深刻理解并应用WLAN技术与理论。本项目主要介绍电磁波、WLAN射频技术基础、信号调制技术、WLAN传输技术和传输过程的干扰、常见无线传输信道、蜂窝式的无线覆盖。

项目三：熟悉WLAN传输协议。本项目主要介绍无线局域网传输协议802.11协议族、802.11MAC层功能、WLAN介质访问机制。

项目四：认识WLAN设备。本项目介绍WLAN组网设备，包括无线客户端（STA）、无线网卡、无线接入点（AP）、无线控制器（AC）、无线网桥等，以及重点AP、AC、无线网桥等设备的特性、功能、应用和技术指标等。

项目五：熟悉无线局域网组网模式。本项目介绍WLAN组网模式，主要内容包括AD-Hoc组网模式、Infrastructure无线组网模式、WLAN组网元素、家庭无线网络组建。

项目六：实施FAT AP无线局域网。本项目介绍配置FAT AP设备、组建以FAT AP为中心的典型无线网络、配置FAT AP无线桥接功能等内容。

项目七：实施 FIT AP+AC 无线局域网。本项目介绍 FIT AP+AC 组网方案、CAPWAP 隧道协议、FIT AP 与 AC 互连模式、FIT AP+AC 连接技术、FIT AP+AC 冗余技术、FIT AP+AC 数据转发方式、FIT AP+AC 无线数据传输过程、FIT AP 关联 AC 过程、FIT AP+AC 二层网络组网配置、FIT AP+AC 跨越三层网络组网配置等内容。

项目八：保障无线局域网安全。保障无线网络安全，需要对无线局域网部署多种安全措施。本项目主要介绍WLAN认证技术和WLAN加密技术、AP SSID 隐藏、本地MAC认证、PSK认证功能、802.1x认证等内容。

项目九：配置无线局域网的高级特性。配置WLAN设备高级特性，以满足日益丰富的业务需求。本项目主要介绍FAT AP 的高级特性与配置、无线漫游技术、FIT AP 间的负载均衡、AC 之间热备份等内容。

项目十：实施无线局域网地勘。无线局域网部署前，需要实施无线局域网地勘。本项目主要介绍什么是无线地勘、无线地勘的流程、无线地勘系统的使用、无线地勘项目的实施等内容。

项目十一：无线局域网故障处理。为保证无线网络长期稳定运行，运维与管理显得尤其重要。本项目主要介绍网络故障排除常用方法、故障诊断命令、WLAN 网络故障排除、WLAN 常见故障案例等内容。

本书得到2020年海南省教育厅职业教育试点项目的资助。本书的实验配置示例是基于H3C网络设备实现，若读者所使用的网络设备非H3C公司网络产品，请自行变通使用。本书由黄斌、李健任主编，王岩、颜汝南、符龙生、谢磊任副主编。其中，黄斌编写项目六、项目七和项目九，李健编写项目三和项目十，王岩编写项目一和项目五，颜汝南编写项目二和项目四，符龙生编写项目八，谢磊编写项目十一。全书由黄斌组织编写并统稿。

在本书编写过程中，参考了大量的H3C、华为、锐捷等网络技术资料、培训认证教材等，汲取了很多网络同仁的宝贵经验，同时得到了H3C、锐捷网络工程师的技术支持，在此表示诚挚的谢意。

由于编者水平有限，书中不妥之处在所难免，恳请各位专家和广大读者批评指正。

编　者

2022 年 1 月

目 录

项目一

了解 WLAN 技术基础知识

项目场景

和传统的有线接入方式相比，无线局域网让网络使用更自由。无线局域网彻底摆脱了线缆和端口位置的束缚，用户不再为四处寻找有线端口和网线而苦恼，接入网络尤其方便，如在家中任意角落都可以随时上网、收发邮件、网购和欣赏电影等。无线局域网具有可移动性的优点，无论是在家庭、办公大楼、机场候机大厅、公交车上等（见图1-1），用户都可以随时随地自由接入网络。

家庭

办公大楼

机场候机大厅

公交车

图 1-1　无线局域网的日常应用

无线局域网技术在各行业广泛使用，有效地提高了工作效率。如在物流行业，员工可以通过手持的无线数据终端进行货物核对；在医疗行业，护士可以随时随地利用无线终端设备来查询病人的病例，记录病人的护理情况；在大型体育场馆，新闻记者可以通过无线网络播报赛场的赛况；在大型展馆大厅，观众利用无线网络浏览广告和对展品进行评价，如图1-2所示。

物流　　　　　　　　　　　　　　　　　　医疗

大型体育场馆　　　　　　　　　　　　　　大型展馆

图1-2　无线局域网技术在行业中的应用

随着WLAN应用的普及和推广，越来越多的人感受到WLAN技术给我们日常工作生活带来了极大的方便，因此WLAN技术也成为大家当前关注的热门技术。本项目主要介绍WLAN基础技术知识和无线局域网技术基础知识。

📖 知 识 目 标

- 了解无线局域网的定义。
- 了解WLAN网络的优点及面临的挑战与问题。
- 了解WLAN相关组织与标准。
- 了解802.11协议的发展进程。

🎯 技 能 目 标

能分析日常工作、生活中无线网络的状况。

任务一　认识无线局域网

1. 无线局域网技术的定义

无线局域网（Wireless Local Area Network，WLAN）是计算机网络和无线通信技术相结合的产物，它利用射频（Radio Frequency，RF）弥补传统的有线网络连接的不足，在网络的接入层实现智能移动终端接入本地的局域网络，如图1-3所示。

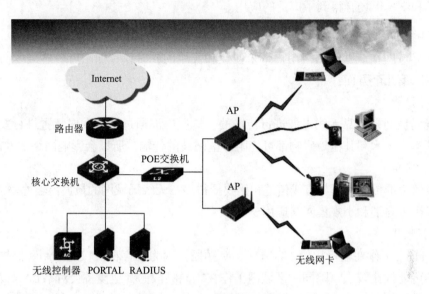

图 1-3　无线局域网络拓扑图

其中的"无线"规定了网络连接的方式，这种连接方式省去了有线局域网中的传输线缆，利用电磁波等无线技术进行信息传输。"局域网"定义了网络的应用范围，可以是一个房间、一个建筑物内，也可以是一个校园或者大至几千千米的区域。

2. 无线局域网的优点

（1）灵活性和移动性

在有线网络中，网络设备的安放位置受网络位置的限制，而无线局域网在无线信号覆盖区域内的任何一个位置都可以接入网络。无线局域网另一个最大的优点在于其移动性，连接到无线局域网的用户可以移动且能同时与网络保持连接。

（2）安装便捷

无线局域网可以免去或最大限度地减少网络布线的工作量，一般只要安装一个或多个接入点设备，就可建立覆盖整个区域的局域网络。

（3）易于进行网络规划和调整

对于有线网络来说，办公地点或网络拓扑的改变通常意味着重新建网。重新布线是一个昂贵、费时、浪费和琐碎的过程，无线局域网可以避免或减少以上情况的发生。

（4）故障定位容易

有线网络一旦出现物理故障，尤其是由于线路连接不良而造成的网络中断，往往很难查明，而且检修线路需要付出很大的代价。无线网络则很容易定位故障，只需更换故障设备即可恢复网络连接。

（5）易于扩展

无线局域网有多种配置方式，可以很快从只有几个用户的小型局域网扩展到上千用户的大型网络，并且能够提供节点间"漫游"等有线网络无法实现的特性。由于无线局域网有以上诸多优点，因此其发展十分迅速。最近几年，无线局域网已经在企业、医院、商店、工厂和学校等场合得到了广泛的应用。

3．无线局域网面临的挑战与问题

无线局域网在能够给网络用户带来便捷和实用的同时，也面临着一些问题与挑战，主要体现在以下几个方面：

（1）性能

无线局域网是依靠无线电波进行传输的。这些电波通过无线发射装置进行发射，而建筑物、车辆、树木和其他障碍物都可能阻碍电磁波的传输，所以会影响网络的性能。

（2）速率

无线信道的传输速率与有线信道相比要低得多。无线局域网的最大传输速率为 1 Gbit/s，只适合于个人终端和小规模网络应用。

（3）干扰

802.11b/g 工作在非授权的 2.4 GHz ISM 频段，因为不存在授权的控制和保护，所以发生干扰的可能性比较大。除同一区域内工作在相同频段的其他设备会对 WLAN 设备直接的干扰外，常见的 2.4 GHz 工业设备如微波炉、蓝牙、无绳电话、双向寻呼系统等也会产生干扰。

（4）电磁辐射

无线设备的发射功率应满足安全标准，以减少对人体的伤害。许多研究已经证明，WLAN 产品可以在家庭及商业中使用，对人体来说是安全的。政府有相关的法令对发射功率进行严格的限制，因此通过政府相关部门认证过的无线设备对人体是无害。但在实际的使用中，还是应该遵守有关无线设备使用的一些安全准则，如天线至少远离人体 20 cm，高增益的室外壁挂、塔装天线应由专业人员安装，至少远离人体 30 cm，在机场等特殊场所中使用无线设备应遵守该区域的相关安全规定。

（5）数据安全性

无线网络中，数据在空中传输，需充分考虑业务数据的安全性，选择相应的加密方式。如一般运营商提供的无线接入服务都采用开放式、不加密；家庭私人使用的无线接入服务可采用弱加密算法（如 WEP 等）；企业的业务数据则需要较高安全级别，应采用强加密算法（如 802.11i 标准中的 AES 加密）。

任务二　　了解主要的无线通信技术

在我们日常的工作和生活中，越来越多地使用各种无线通信技术，目前最常见的无线技术是 IrDA、BlueTooth、5G、802.11a/b/g/n，如图 1-4 所示，它们定位不同，各自有不同的应用领域。

| IrDA | BlueTooth | 5G | 802.11a/b/g/n |

图 1-4　常见的无线技术

1．IrDA

IrDA 是一种利用红外线进行点到点通信的技术，其特点是体积小，成本低，传输速率可达 16 Mbit/s，是一种视距传输技术，通信设备之间不能有阻挡物，不适合多点通信。

2．BlueTooth

BlueTooth（蓝牙技术）是一种用于数字化设备之间的低成本、近距离传输的无线通信连接技术，工作于 2.4 GHz 频段上，覆盖的范围为 10 m 以内，带宽为 1 Mbit/s，采用时分双工传输方案实现全双工传输。蓝牙技术在带宽上逊色不少，但其低成本以及低功耗的特点，还是让它找到了足够的生存空间。

3．5G

5G（5th-Generation）是第五代移动通信及其技术的简称，是最新一代蜂窝移动通信技术，也是即 4G（LTE-A、WiMax）、3G（UMTS、LTE）和 2G（GSM）系统之后的延伸。5G 的性能目标是高数据速率、减少延迟、节省能源、降低成本、提高系统容量和大规模设备连接。5G 网络的主要优势在于，数据传输速率远远高于以前的蜂窝网络，最高可达 10 Gbit/s，比当前的有线互联网要快，比先前的 4G LTE 蜂窝网络快 100 倍。另一个优点是较低的网络延迟（更快的响应时间），低于 1 μs，而 4G 为 30～70 μs。

4．802.11a/b/g/n

802.11a/b/g/n 是现在主流的 802.11 协议标准，以其覆盖距离广、传输速率高的特点，成为了市面上主要的 WLAN 技术。802.11a/b/g/n 的工作频率为 2.4 GHz 或 5 GHz，支持的最大速率分别为 54 Mbit/s、11 Mbit/s、54 Mbit/s、600 Mbit/s。

任务三　了解 802.11 协议的发展进程

20 世纪 80 年代末期，电气电子工程师学会（Institute of Electrical and Electronics Engineers，IEEE）组织成立 IEEE 802 局域网标准组织委员会，开始了无线局域网技术的标准化工作。

1990 年，IEEE 组织启动了 802.11 项目，成立了 IEEE 802.11 标准工作组，负责制定无线局域网物理层以及媒体访问控制层（MAC）的协议标准，开启了无线局域网技术研发历程，先后发布主要的 802.11 协议版本如图 1-5 所示。

1997 年，IEEE 组织为无线局域网制定了第一个版本标准 IEEE 802.11，该标准总数据传输速率设计为 2 Mbit/s，主要用于仓储与制造业环境，如使用无线条码扫描仪进行低速数据采集。

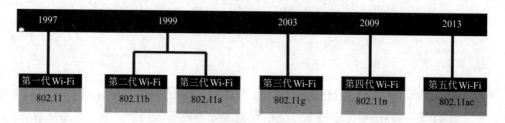

图 1-5　802.11 协议版本

1999 年，IEEE 组织推出了 802.11 协议两个补充版本：802.11a 和 802.11b。802.11a 定义了一个在 5 GHz ISM 频段上的数据传输速率可达 54 Mbit/s 的物理层，802.11b 定义了一个在 2.4 GHz 的 ISM 频段上但数据传输速率高达 11 Mbit/s 的物理层。2.4 GHz 的 ISM 频段为世界上绝大多数国家和地区通用，因此 802.11b 得到了最为广泛的应用。随着 802.11 协议两个补充版本的出台，以及 Wi-Fi 联盟组织的成立，都极大地促进了无线局域网产品的兼容性、标准化以及市场化。

2003 年，IEEE 组织推出 802.11g 协议版本。802.11g 是对流行的 802.11b（即 Wi-Fi 标准）的提速（速度从 802.11b 的 11 Mbit/s 提高到 54 Mbit/s），该协议版本与 802.11b 兼容。

2009 年，IEEE 组织推出 802.11n 协议版本。它的目标在于改善先前的两项无线网上标准，包括 802.11a 与 802.11g，在网上流量上的不足。它的最大传输速度理论值为 600 Mbit/s，与先前的 54 Mbit/s 相比有大幅提升，传输距离也会增加。

2013 年，IEEE 组织推出 802.11ac 协议版本。802.11ac 是 802.11 家族的一项无线网上标准，通过 5 GHz 频带提供高通量的无线局域网，俗称 5G Wi-Fi（5th Generation of Wi-Fi），理论上它能够提供最少 1 Gbit/s 带宽进行多站式无线局域网通信。

任务四　了解无线局域网组织与标准

1. IEEE

电气电子工程师学会 IEEE 是一个美国的电子技术与信息科学工程师的学会，是世界上最大的非营利性专业技术学会，其会员人数超过 40 万人，遍布 160 多个国家和地区。IEEE 致力于电气、电子、计算机工程和与科学有关的领域的开发和研究，在航空航天、信息技术、电力及消费性电子产品等领域已制定了 900 多个行业标准，现已发展成为具有较大影响力的国际学术组织。国内已有北京、上海、西安、武汉、郑州等地的 55 所高校成立 IEEE 学生分会。IEEE 协会标识如图 1-6 所示。

IEEE 自 1997 年以来先后公布 IEEE 802.11、IEEE 802.11b、IEEE 802.11a、IEEE 802.11g、IEEE 802.11n 等多个 802.11 协议相关标准。

2. Wi-Fi 联盟

Wi-Fi 联盟（Wi-Fi Alliance，简称 WFA），是一个商业联盟，成立于 1999 年，拥有 Wi-Fi 的商标。它负责 Wi-Fi 认证与商标授权的工作，总部位于美国得州奥斯汀（Austin）。该联盟成员单位超过 200 家，其中 42% 的成员单位来自亚太地区，中国区会员也有 5 个。该国际 Wi-Fi 联盟标识如图 1-7 所示。

该组织主要目的是在全球范围内推行 Wi-Fi 产品的兼容认证，以确保不同厂家的 WLAN 产品的互通性，经过 Wi-Fi 认证的产品表明其具备基本的互通性，同时发展 IEEE 802.11 标准的无线局域网技术。

图 1-6　IEEE 协会标识

图 1-7　国际 Wi-Fi 联盟组织标识

3. IETF

国际互联网工程任务组（The Internet Engineering Task Force，IETF）是一个公开性质的大型民间国际团体，成立于 1985 年底，是全球互联网最具权威的技术标准化组织，汇集了与互联网架构和互联网顺利运作相关的网络设计者、运营者、投资人和研究人员。IETF 标识如图 1-8 所示。

IETF 的主要任务是负责互联网相关技术规范的研发和制定，当前绝大多数国际互联网技术标准出自 IETF。

IETF 体系结构分为三类：第一个是互联网架构委员会（IAB），第二个是互联网工程指导委员会（IESG），第三个是在八个领域里面的工作组（Working Group）。标准制定工作具体由工作组承担，工作组分成八个领域，分别是 Internet 路由、传输、应用领域等。

4. CAPWAP

CAPWAP（Control And Provisioning of Wireless Access Points）是 IETF 中目前有关无线控制器和 FIP AP 间的控制和管理标准化的工作组，其目的就是制定无线控制器和 FIP AP 之间管理和控制协议。无线控制器和 FIP AP 须遵从 CAPWAP 定义的标准，可由不同厂商制造。由于该标准工作组没有定义无线控制器之间的控制管理协议，因此目前不同厂商的无线控制器之间还无法互通。

5. WAPI 联盟

WAPI 联盟制定并推广中国无线网络产品在国际中的安全机制标准 WAPI，是我国首个在计算机宽带无线网络通信领域自主创新并拥有知识产权的安全接入技术标准，包括无线局域网鉴别（WAI）和保密基础结构（WPI）两部分。本标准已由 IEEE 正式批准发布，这也是中国在该领域唯一获得批准的协议。该组织标识如图 1-9 所示。

WAI 和 WPI 分别实现对用户身份的鉴别和对传输的业务数据加密。其中：WAI 采用公开密钥密码体制，利用公钥证书来对 WLAN 系统中的 STA 和 AP 进行认证；WPI 则采用对称密码算法实现对MAC层MSDU的加密和解密操作。

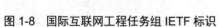

图1-8　国际互联网工程任务组 IETF 标识

图1-9　WAPI 联盟标识

项 目 小 结

学习WLAN技术，首先要了解什么是WLAN，从认识层面介绍了无线局域网定义、优点、发展过程中面临的挑战与问题，同时阐述了相关的无线技术、WLAN组织与标准、802.11协议发展进程等。

项 目 测 试

1.（单选题）无线局域网工作的协议标准是（　　　）。

   A. 802.3　　　　　B. 802.4　　　　　C. 802.11　　　　　D. 802.5

2.（多选题）无线局域网面临的主要挑战有（　　　）。

   A. 数据安全性　　B. 电磁辐射　　　C. 无线干扰　　　D. 传输速率

3.（单选题）以下哪个不属于无线接入方式?（　　）

   A. IrDA　　　　　B. BlueTooth　　　C. FC　　　　　　D. 802.11ac

4.（单选题）802.11a 最大协商连接速率是（　　　）Mbit/s。

   A. 11　　　　　　B. 36　　　　　　C. 54　　　　　　D. 150

5.（单选题）中国自主研发的802.11安全机制标准的名称是（　　　）。

   A. WPA　　　　　B. WAPI　　　　　C. MD5　　　　　D. TKIP

6.（多选题）无线联网技术相对于有线局域网的优势有：（　　　）。

   A. 灵活性和移动性　　　　　　　B. 安装便捷

   C. 易于进行网络规划和调整　　　D. 易于扩展

7.（多选题）以下产生2.4 GHz电磁波的设备是（　　　）。

   A. 蓝牙手机　　B. 微波炉　　　C. 传统固定电话　D. AP

8.（单选题）蓝牙设备工作在哪一个RF频段?（　　）

   A. 900 MHz　　　B. 2.4 GHz　　　C. 5.8 GHz　　　D. 5.2 GHz

9.（单选题）WLAN技术使用了哪种介质?（　　　）

   A. 无线电波　　B. 双绞线　　　C. 光波　　　　　D. 同轴电缆

10.（单选题）802.11g支持的最大协商连接速率为（　　　）Mbit/s。

   A. 11　　　　　　B. 36　　　　　　C. 48　　　　　　D. 54

项目二

掌握无线传输技术基础知识

项目场景

生活中的无线广播、电视、手机通信都是通过电磁波实现信息传输（见图2-1），使用无线射频信号作为传输载体。无线射频电磁波能够穿透墙体，在比较大的范围内进行覆盖，因此被应用于运营商的3G、4G网络和Wi-Fi无线局域网等。掌握无线传输技术基础知识，以便能深刻理解并应用WLAN技术与理论。

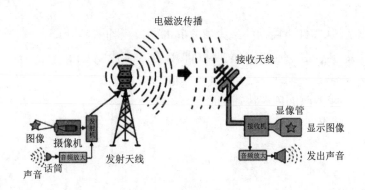

图 2-1　电磁波传播

知识目标

- 了解电磁波的相关属性。
- 掌握射频功率计算单位间的换算关系。
- 了解WLAN的调制传输方式。
- 了解无局域网传输信道。

技能目标

在实践中能够运用蜂窝式的无线覆盖的相关知识。

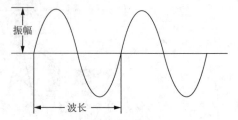

任务一　　了解无线传输信号

无线信号是能够在自由空间（包括空气和真空）中进行传输的电磁波，电磁波不仅能够穿透墙体，还能够覆盖比较大的范围，因此，无线技术应用于组建无线局域网。

自由空间中传输的电磁波，根据频谱可将其分为无线电波、微波、红外线、激光等。无线局域网网络是通过微波传播信号的，微波频段为 2.4 G～2.483 5 GHz。电磁波在真空中传播的速度等于光在真空中传播的速度，因为无线电波和光均属于电磁波。

电磁波通过自由空间传播到达接收端，电磁波引起的电场和磁场变化又会在导体中产生电流。通过解调技术将信息从电流的变化中提取出来，就达到了信息传递的目的。

电磁波的波长越短，频率越高，相同时间内传输的信息就越多。

一、电磁波

1．波的基本概念

波是某一物理量的扰动或振动在空间逐点传递时形成的运动。不同形式的波虽然在产生机制、传播方式和与物质的相互作用等方面存在很大差别，但在传播时却表现出多方面的共性。

- 波长（λ）：在波的传播方向上振动状态完全相同的相邻两个点间的距离，如图 2-2 所示。
- 振幅（A）：从零到半周期的最大值之间的距离，如图 2-2 所示。
- 频率（f）：每单位时间内的周期数即频率，通常表示为每秒周期或 Hz。
- 波速（v）：单位时间内波传播的距离。
- 波长 λ、频率 f、波速 v 三者的关系为 $v=\lambda \times f$。

2．电磁波

（1）电磁波定义

图 2-2　波示意图

电磁波（又称电磁辐射）是同相振荡且互相垂直的电场与磁场在空间中以波的形式移动，其传播方向垂直于电场与磁场构成的平面，有效地传递能量和动量。电磁辐射可以按照频率分类，从低频率到高频率，包括无线电波、微波、红外线、可见光、紫外光、X射线和 γ 射线等。

（2）电磁波属性

所有电磁波在真空中都以光速进行传播，并且有特定的波长 λ 和频率 f，电磁波波长与频率的关系为：$c=\lambda \times f$，其中 c 等于光速（3×10^{8} m/s）。

此外，电磁波还有很多其他属性，如能量、方向、极化、相位等。

- 能量：电磁波的能量大小由坡印亭矢量决定，即 $S=E \times H$，其中 S 为坡印廷矢量，E 为电场强度，H 为磁场强度。

- 方向：天线辐射的电磁波的主要传播方向。
- 极化：电磁波中电场传播的方向。
- 相位：振动质点离开自身平衡位置的距离，用来描述当前振动位置的能量（振动质点离开自身平衡位置的距离最大时，具有最大能量，用振幅来描述）。

（3）常见电磁波的频率分布

每个波段的频率从低频率到高频率排列，包括无线电波、红外线、可见光、紫外线、X射线和 γ 射线等，如图2-3所示。

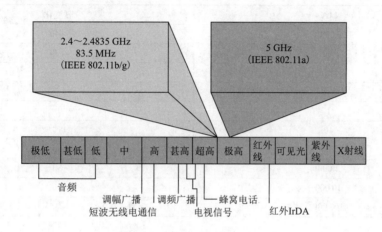

图 2-3 常见电磁波的频率分布

802.11b/a/g协议使用的2.4 GHz与5 GHz频段属于无线电波中超高与极高的相关频段。

二、WLAN 射频技术

1．射频的定义

射频（Radio Frequency，RF）是一种高频交流变化电磁波的简称，其频率范围为300 kHz ～300 GHz。每秒变化小于1 000次的交流电称为低频电流，每秒变化大于10 000次的交流电称为高频电流，而射频就是这样一种高频电流。

2．射频信号功率

功率用来测算射频波的传输振幅和接收振幅大小，如无线接入点（AP）设备的发射功率为100 MW。

射频信号通常使用dB表示信号强弱，dB是用来衡量被测量功率与某一基准功率的比值，即计算公式为：被测量功率（dB）=10×lg(测量功率/基准功率)。此外，表示射频信号功率还常用dBm、dBw表示。当基准功率取为1 MW时，此dB值以dBm表示；当基准功率取为1 W时，此dB值以dBw表示。

例如，100 MW换算成dBm表示即为20 dBm，换算过程如下：

$10 \times \lg(100 \text{ MW}/1 \text{ MW})=10 \lg(10^2)=10 \times 2=20 \text{ (dBm)}$

同时功率与dB有个近似的换算关系，即每增大或减少3 dB，相当于功率增大或减少一倍。

11

例如：100 MW=20 dBm，则

200 MW≈（20+3）dBm=23 dBm

50 MW≈（20−3）dBm=17 dBm

根据以上换算关系可知，dBm 与 dBw 都是绝对功率单位，即代表了实际的功率大小，而 dB 为相对功率单位，一般表示为两个功率的比值，即 $10 \times \lg(P_1/P_2)$。

表 2-1 列出了使用 1 MW 作为参考点（基准功率），MW 与 dB 变化的对照表。

表 2-1　MW 与 dB 变化的对照表（相对于 1MW）

MW	dB 变化
0.0001	−40
0.001	−30
0.01	−20
0.1	−10
1	0
10	+10
100	+20
1 000	+30
10 000	+40
100 000	+50

任务二　掌握调制与传输技术

一、信号调制技术

在无线数据通信系统中，发射端（TX）的调制与接收端（RX）的解调是两个关键的步骤，调制与解调在网络中的应用如图 2-4 所示。

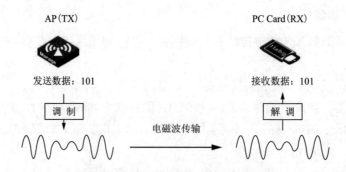

图 2-4　调制与解调在网络中的应用

构成数据的最小单位是比特（bit），发射端采用某种方式发送 0 和 1，以便在两地之间传输数据。交流或直流信号本身不具备传输数据的能力，要发送信息，发射端必须对载波信号进行调制，以独特的方式插入信息（编码）。

调制就是根据所需发送的信息来改变载波的相关属性，以便使信息编码在载波上。

调制后的载波，携带着有用信息通过相关的传输技术发射出去，由接收端（RX）接收后完成解调。

解调实质上就是调制的反过程，从载波中提取发送的信息。

1．调制技术

调制技术是将信源产生的信号转换为适宜无线传输的形式的过程。它将模拟信号抽样量化后，以二进制数字信号"1"或"0"对光载波进行通断调制，并进行脉冲编码（PCM）。

基本载波有三个方面的属性可以被调制：振幅、频率、相位。所以调制方式有调幅、调频和调相。发送端将信息调制到载波上，通过改变载波的频率、振幅和相位传递传递信息；接收端收到信息后，再解调还原信息。

2．调制技术类型

按照调制信号的性质分为模拟调制和数字调制两类。其中，数字调制的优点是抗干扰能力强，中继时噪声及色散的影响不积累，因此可实现长距离传输。它的缺点是需要较宽的频带，设备也复杂。

（1）模拟调制

在模拟信号传输中，通常有调幅、调频和调相3种，如图2-5所示。

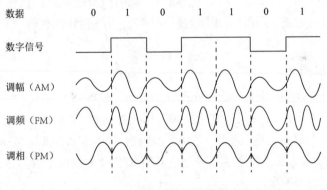

图 2-5 调幅、调频和调相技术

- 调幅（AM）：使载波的振幅按照所需传送信号的变化规律而变化，但频率保持不变的调制方法。载波信号的振幅随着调制信号的某种特征的变换而变化。例如，0或1分别对应于无载波或有载波输出。电视的图像信号使用调幅。
- 调频（FM）：是一种使受调波瞬时频率随调制信号而变的调制方法，其高频载波的频率不是一个常数，是随调制信号而在一定范围内变化的调制方式，其幅值则是一个常数。
- 调相（PM）：载波的相位对其参考相位的偏离值随调制信号的瞬时值成比例变化的调制方式。调相时，同时有调频伴随发生，调频时，也同时有调相伴随发生，不过两者的变化规律不同。实际使用时很少采用调相制，它主要是用来作为得到调频的

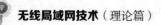

一种方法。即载波的初始相位随着基带数字信号而变化，例如数字信号1对应相位180°，数字信号0对应相位0°。

（2）数字调制

在数字通信中，主要有幅移键控、频移键控和相移键控。

- 幅移键控（ASK）：通过改变载波信号的振幅大小来表示数字信号"1"和"0"。它的实际意义是当调制的数字信号为"1"时，传输载波；当调制的数字信号为"0"时，不传输载波。
- 频移键控（FSK）：信息传输中使用得较早的一种调制方式，它的主要优点是：实现起来较容易，抗噪声与抗衰减的性能较好。在中低速数据传输中得到了广泛的应用。
- 相移键控（PSK）：分为绝对移相和相对移相两种。以未调载波的相位作为基准的相位调制叫作绝对移相。以二进制调相为例：取码元为"1"时，调制后载波与未调载波同相；取码元为"0"时，调制后载波与未调载波反相。"1"和"0"时调制后载波相位差180°。

二、WLAN 传输技术

1. 跳频扩频技术

跳频扩频（Frequency Hoping Spread Spectrum，FHSS）技术，是指信号载波将在一个宽的频带上不断从一个频率跳变到另一个频率。发射机频率跳跃的次序和相应的频率由一串随机序列决定，接收机必须采用相同的跳频序列，在适当的时候调整到适当的频率，才能正确接收数据。

2. 直接序列扩频

直接序列扩频（Direct Sequence Spread Spectrum，DSSS）技术是将一位数据编码为多位序列，称为一个"码片"。例如，数据"0"用码片"00100111000"编码，数据"1"用码片"11011000111"编码，则数据串"010"编码为"00100111000""11011000111""00100111000"。将原来较高功率、较窄的频率变成具有较宽频的低功率频率，以在无线通信领域获得令人满意的抗噪声干扰性能。

3. 正交频分复用技术

正交频分复用（Orthogonal Frequency Division Multiplexing，OFDM）技术是一种新型高效的多载波调制技术，它能够有效地对抗多径传播，使受到干扰的信号能够可靠地接收。其工作原理是将一个高速的数据载波分成若干个低速的子载波，然后并行地发送这些子载波。

三、WLAN 传输过程的干扰

1. 工业级设备的干扰

WLAN工作在非授权的2.4 GHz频段，因为不存在授权的控制和保护，所以发生干扰的可能性比较大。除同一区域内工作在相同频段的WLAN设备直接的干扰外，还有常见的 2.4 GHz 工业设备，如微波炉、无绳电话、蓝牙设备等，其中，对 WLAN 网络干扰最为严重的是无绳电话，其次为 3 m 内的微波炉、蓝牙等小功率设备。图 2-6 所示为微波炉对 WLAN 传输速率影响的曲线图。

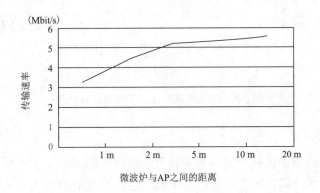

图 2-6　微波炉对 WLAN 传输速率影响的曲线

2．同道干扰

相同频率的无用信号对接收机形成的干扰，称为同信道干扰，也称为同频干扰或同道干扰。因此，相邻办公室之间不能使用相同频率，否则将造成同道干扰，如图 2-7 所示。

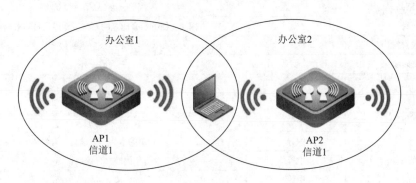

图 2-7　同道干扰

在使用非干扰频段时，两台 AP 的总吞吐量可以高达 600 Mbit/s。在同道干扰时，2 台 AP 的总吞吐量不足原来的 50%。此时，2 台 AP 的总吞吐量与非干扰情况下的 1 台的吞吐量接近。所以在有限范围内，单纯采用增加 AP 的办法无法提高 WLAN 传输速率。

3．邻道干扰

两信道中心频率小于 25 MHz 时，信道之间存在重叠区域，会有部分干扰，图 2-8 所示的是两 AP 信道间隔为 0～5 时的总吞吐量。

如果 2 台 AP 使用邻道，虽然可以增加无线网络覆盖中可用频点数，但也会引入干扰。因此，在 WLAN 的工程施工上，一般建议采用 1、6、11 三条完全互不干扰的信道进行无线网络覆盖。

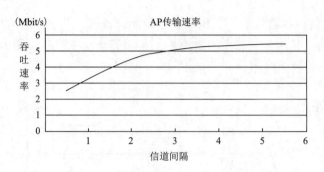

图 2-8　信道间隔为 0～5 时的总吞吐量

4．障碍物干扰

无线射频信号的传输依赖于实际环境，会随着传输距离的增加而减弱。无线射频信号穿越信号覆盖区域的障碍物时，振幅将会大幅减小，终端的接收信号强度将急剧下降。信号穿越不同障碍物，信号衰减的程度也有所不同。表2-2所示的是无线射频信号穿越不同的障碍物时信号的衰减程度。

表 2-2　无线射频信号穿越不同的障碍物时信号的衰减程度

障　碍　物	衰减程度	举　　例
开阔地	极少	自动餐厅、庭院
木制品	少	内墙、办公室隔断、地板
石膏	少	内墙（新的石膏比老的石膏对无线信号的影响大）
合成材料	少	办公室隔断
煤渣砖块	少	内墙、外墙
石棉	少	天花板
玻璃	少	没有色彩的窗户
人体	中等	大群的人
水	中等	潮湿的木头、玻璃缸、有机体
砖块	中等	内墙、外墙、地面
大理石	中等	内墙、外墙、地面
陶瓷制品	高	陶瓷瓦片、天花板、地面
纸	高	一卷或者一堆纸
混凝土	高	地面、外墙、承重梁
防弹玻璃	高	安全棚
镀银	非常高	镜子
金属	非常高	办公桌、办公隔断、电梯、文件柜、通风设备

以上列出了一些常见障碍物对无线信号的衰减情况，其中金属对无线信号的衰减最强，人体对无线信号的衰减中等，而开阔地等空旷区域对无线信号的衰减很小。

任务三　了解无线局域网传输信道

一、无线信道

1. 无线信道的定义

无线信道又称无线频段，是使用无线射频信号作为传输媒介的数据信号传送通道。IEEE 802.11工作组定义了两个独立的频段——2.4GHz和5GHz，每个频段划分为若干个信道。

2. 802.11 频段信道划分

（1）2.4 GHz 频段

IEEE 802.11b/g/n标准工作在2.4 GHz，频率范围为2.4 GHz～2.483 5 GHz。通常在此频段上划分出13条相互交叠的信道，部分国家和地区对2.4 GHz频段开发的信道有所不同。例如：日本特别增加了第14条信道，在北美地区（美国、加拿大）只开放了1～11信道；而中国和欧洲则开放1～13信道。

每个信道的频宽是22 MHz，相邻两个信道的中心频率之间仅相差5 MHz，所以信道1在频谱上和信道2、3、4、5都有交叠的地方，这样如果有两个无线AP同时工作且信道分别为1和3，则它们发送出来的无线信号会互相干扰。

因此，为了最大限度地利用频段资源，减少信道间的干扰，通常使用1、6、11，2、7、12，3、8、13，4、9、14这四组互相不干扰的信道来进行无线覆盖。由于只有部分国家和地区开放了12～14信道，所以通常情况下，都使用1、6、11这三个信道来进行无线部署。图2-9所示的是2.4 GHz频段信道划分。

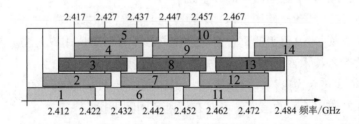

图 2-9　2.4 GHz 频段信道划分

（2）5 GHz 频段

目前由于频段2.4 GHz 广泛应用于家用及商用领域无线产品中，造成该频段日益拥挤。个别设备厂商为了避开繁忙的2.4 GHz频段，采用IEEE 802.11a/n的5 GHz频段，这样会获得更高的频率和频宽，提供更高速率和更少的信道干扰。

5 GHz频段划分24条的20 MHz带宽的信道，每条信道都为独立信道，且可以将两条信道绑定成一条信道使用，能提供更大的带宽，获得20 MHz两倍的吞吐量。比如，802.11n在5 GHz频段能将相邻两条20 MHz信道捆绑成40 MHz带宽的传输通道，使传输速率成倍提高。

对于802.11的5 GHz频段，每个国家开放的信道有所不同，目前我国开放的信道有36、40、44、48、52、56、60、64、149、153、157、161、165等，这些信道相互之间不重叠，为互不干扰信道。

部分国家和地区的雷达也使用5 GHz频段，使用该频段的无线局域网设备可能会对雷达设施产生干扰，因此很多厂家更愿意使用2.4 GHz频段传输。

二、蜂窝式的无线覆盖

蜂窝网络（Cellular Network），又称移动网络（Mobile Network），是一种移动通信硬件架构，把无线网络中的设备覆盖的无线服务区域部署成一个个正六边形的小区域，每个小区安装一台无线接入点（AP），形成了类似"蜂窝"的结构，称为"蜂窝"式无线覆盖方式，如图2-10所示。

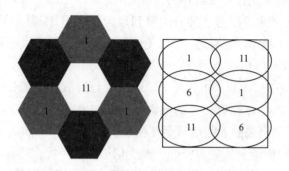

图2-10　水平蜂窝部署和垂直蜂窝部署

无线局域网采用蜂窝式覆盖技术，需要安装多台AP协同工作，有效地扩大无线网络的覆盖面积，避免相邻AP之间产生同频干扰。

通常，无线AP产品默认使用2.4 GHz频段的1信道，如果部署WLAN时，都采用默认信道，可能会造成某些AP覆盖的重合区域产生同频干扰，造成用户无法上网。

采用蜂窝式覆盖技术部署WLAN，需要将无线覆盖的区域划分为多个小蜂窝，使用多台无线AP设备组成正六边形构建蜂窝形状，相邻AP之间使用不交叠的独立信道，AP之间信号覆盖重叠区域使用不同的信道，可以有效避免同频干扰。

无线网络的蜂窝式覆盖技术，类似移动电话的蜂窝系统，移动用户在不同的基站覆盖区域内任意漫游，随着空间位置的变换，无线信号的连接会由一个基站自动切换到另外一个基站，整个漫游过程对用户是透明的，基站发生切换不会对用户服务造成中断。

项 目 小 结

本项目介绍了电磁波及其相关属性；对常见的功率计算单位进行了重点说明；对WLAN设备所采用的调制和传输技术进行了讲解；对常用的无线频段进行了说明；列出了无线网络的蜂窝式覆盖。

项 目 测 试

1.（多选题）802.11b/g 协议在中国共开放 13 个信道（1～13），请从这 13 个信道中选择 3 个相互不干扰的信道：（　　）。

    A. 1,2,3　　　　　B. 1,6,11　　　　　C. 1,5,9　　　　　D. 2,7,12

2.（单选题）2.4 GHz 频段各信道中心频率之间的距离为（　　）。

    A. 20 MHz　　　B. 22 MHz　　　C. 5 MHz　　　　　D. 10 MHz

3.（多选题）以下关于电磁波的描述正确的是（　　）。

    A. 电磁波是电磁场的一种运动形态，它由变化的电磁场在空间的传播形成，需要传播介质

    B. 电磁波波长与频率的关系为 $c = \lambda \times f$，其中 c 等于光速（3×10^8 m/s）

    C. 802.11b/a/g 协议使用的 2.4 GHz 与 5 GHz 频段属于无线电波中超高与极高的相关频段

    D. 电磁波的属性包括能量、极化、相位等

4.（多选题）以下产生 2.4 GHz 电磁波的设备是（　　）。

    A. 蓝牙手机　　　　　　　　　B. 微波炉

    C. 传统固定电话　　　　　　　D. AP

5.（单选题）描述空间电磁波的电场方向的术语是（　　）。

    A. 增益　　　　B. 分集　　　　C. 带宽　　　　D. 极性

6.（多选题）调制就是根据所需发送的信息来改变载波的相关属性，以便使信息编码在载波上。基本载波可以被调制的属性有（　　）。

    A. 幅度　　　　B. 极化　　　　C. 频率　　　　D. 相位

7.（单选题）如果 AP 发射功率为 100 MW，那么对应的 dBm 值是（　　）。

    A. 20　　　　B. 18　　　　C. 16　　　　D. 10

8.（多选题）以下哪些操作方法能够减少信号干扰？（　　）

    A. 采用非重叠信道进行网络优化

    B. 采用 802.11a 和 802.11g 混合部署的方式

    C. 调整部分 AP 的发射功率

    D. 排查并消除现场环境中的干扰源，如微波炉、蓝牙和无绳电话等

9.（多选题）一般对于无线信号有较强衰减作用，工勘时需要特别注意的障碍物是（　　）。

    A. 金属　　　B. 钢筋混凝土　　C. 釉面陶瓷墙　　D. 玻璃

10.（单选题）ISM 中 802.11g 中每个信道的占用频宽为（　　）MHz。

    A. 5.22　　　B. 16.6　　　　C. 22　　　　D. 40

项目三

熟悉 WLAN 传输协议

项目场景

无线局域网在技术发展过程中出现诸多的802.11协议族成员，它们之间的区别是什么？信息在无线局域网中如何传输？为了帮助我们更加深入地认识无线局域网，便于做好无线局域网构建和运维工作，需要了解无线局域网的通信规则。

知识目标

- 了解802.11协议族成员技术标准。
- 掌握802.11n的关键技术原理。
- 掌握802.11的MAC层功能。
- 掌握WLAN介质访问规则。
- 掌握WLAN无线接入管理过程。

技能目标

深入认识WLAN传输协议。

任务一　　了解无线局域网传输协议

一、IEEE 802.11 协议栈分层模型

IEEE组织于1990年成立WLAN标准化工作委员会，1997年制定出全球第一个无线局域网通信标准802.11，主要定义了WLAN的物理层和媒体访问控制（MAC）层协议的规范。

IEEE 802.11协议栈位于OSI开放系统互联7层模型的最下面2层，即物理层和数据链路层中的MAC子层，通过802.2LLC协议与网络层相连，分为物理层和数据链路层。其中，数据链路层又分为802.2LLC逻辑链路控制子层和802.11MAC子层，如图3-1所示。

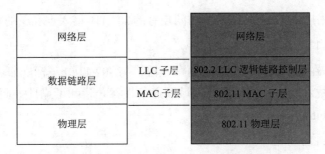

图 3-1　IEEE 802.11 协议栈分层模型

二、IEEE 802.11 协议族成员

IEEE 802.11 无线局域网标准由物理层和媒体访问控制（MAC）层两部分的相关协议组成。图 3-2 所示为 IEEE 802.11 系列协议族。

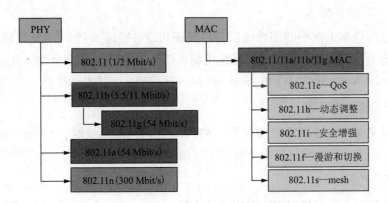

图 3-2　IEEE 802.11 系列协议族

1. IEEE 802.11 标准

该标准定义物理层和媒体访问控制（MAC）层规范，是无线局域网领域内的第一个国际上被认可的协议。此标准提供了 1 Mbit/s 和 2 Mbit/s 的数据传输速率以及一些基本的信令规范和服务规范。

2. IEEE 802.11b 标准

该标准规定无线局域网工作频段在 2.4 GHz ～2.483 5 GHz，数据传输速率达 11 Mbit/s。此标准是 802.11 的一个补充，在数据传输速率方面可根据实际情况在 11 Mbit/s、5.5 Mbit/s、2 Mbit/s、1 Mbit/s 的不同速率间自动切换。

3. IEEE 802.11a 标准

该标准规定无线局域网工作频段在 5.15 GHz ～5.825 GHz，数据传输速率达 54 Mbit/s，采用正交频分复用（OFDM）的独特扩频技术。

4. IEEE 802.11g 标准

该标准是对 802.11b 标准的提速（速率从 802.11b 的 11 Mbit/s 提高到 54 Mbit/s），工作在

2.4 GHz 频段。故采用 802.11g 的终端可访问现有的 802.11b 接入点和新的 802.11g 接入点。

5. IEEE 802.11n 标准

该标准可工作在 2.4 GHz 和 5 GHz 两个频段，与 802.11a/b/g 标准兼容，是对 802.11 物理层和 MAC 层的技术改进，使得无线局域网通信在吞吐量和可靠性方面都获得显著提高，速率可达到 300 Mbit/s。

6. IEEE 802.11e 标准

该标准是对无线局域网 MAC 层协议提出改进，制定了无线局域网的 QoS 机制，以更好地支持多媒体数据的传输。

7. IEEE 802.11h 标准

该标准为无线局域网提供了动态频率调整功能和动态功率调整功能。此标准是为了部分欧洲地区让无线局域网工作在 5 GHz 频段时不与雷达产生冲突而制定的。

8. IEEE 802.11i 标准

该标准是结合 802.1x 中的用户端口身份验证和设备验证，对 WLAN 的 MAC 层进行修改与整合，定义了严格的加密格式和鉴权机制，以改善 WLAN 的安全性。此标准主要包括两项内容：Wi-Fi 保护访问（Wi-Fi Protected Access，WPA）技术和强健安全网络（RSN）。

9. IEEE 802.11f 标准

该标准定义无线局域网客户端在不同 AP 节点之间漫游切换时，AP 节点间的信息同步和交互，由于在安全性和网络规模上有较大局限性，现已很少使用。

10. IEEE 802.11s 标准

该标准是针对无线网状网络组网模式的协议。

三、802.11n 技术

802.11n 是 IEEE 802.11 协议中继 802.11b/a/g 后又一个无线传输标准协议，802.11n 将 802.11a/g 的 54 Mbit/s 最高发送速率提高到了 300 Mbit/s，其中的关键技术为 MIMO-OFDM、40 MHz 频宽模式、帧聚合、Short GI。

1. MIMO-OFDM

MIMO-OFDM 是 OFDM 与 MIMO 相结合的技术，由于可以支持更多的子载波，可以实现在 20 MHz 频宽下单个数据流达到 65 Mbit/s 的发送速率。

MIMO（Multiple-Input Multiple-Output）技术实现了在多条路径上并发流通信。可以说支持多少并发流，就可以提高多少倍的吞吐量，要求并发流的数量必须小于等于接收和发送的天线数目。MIMO 在发射端和接收端分别使用多个发射天线和接收天线，而理想上采用越多天线，传输效果的改善就越大。

OFDM 即正交频分复用技术，是多载波调制的一种，该技术的主要思想：将信道分成若干正交子信道，将高速数据信号转换成并发的低速子数据流，调制到每个信道上进行传输。

2. 40 MHz 频宽模式

802.11a/b/g 每信道只用 20 MHz 频宽，而 802.11n 定义了两种频带宽度：20 MHz 频宽和 40 MHz 频宽。其中，20 MHz 频宽是为了满足兼容性而设计，40 MHz 频宽是满足高性能需求。

40 MHz 频宽是使用两个 20 MHz 信道进行捆绑，其中一个是主信道，一个是辅信道。

40 MHz 频宽信道模式下，可获得 20 MHz 模式两倍的吞吐量，而实际高于两倍。因为 802.11a/b/g 为了防止相邻信道间的干扰，20 MHz 频宽的信道在其两侧预留了小部分的带宽边界，而 802.11n 中通过 40 MHz 的信道捆绑，这些预留的频谱带宽也可以用来通信，从而进一步提高了吞吐量。

40 MHz 频宽模式基本不建议在 2.4 GHz 频段下使用，要想获得 40 MHz 频宽的高吞吐量，建议使用 5 GHz 频段的 802.11n 进行部署。

3. 帧聚合

802.11 MAC 层协议耗费效率用于链路维护，如在数据之前添加 Header 消息；信道产生冲突时，为了解决而引入的退避机制都大大降低了系统的吞吐量。为了解决这些问题，802.11n 引入帧聚合技术以提高 MAC 层效率。

通过帧聚合技术将多个帧聚合在一起由一次发送来完成，从而减少额外开销，降低碰撞的机会，提高 MAC 层效率。帧聚合支持 MSDU（MAC Service Data Unit，MAC 服务数据单元）聚合和 MPDU（MAC Protocol Data Unit，MAC 协议数据单元）聚合。

（1）MSDU 聚合

在进入 MAC 层处理之前完成聚合，因此对于 802.11MAC 层而言，这是一个报文，需要回复一个 ACK 就可以。

（2）MPDU 聚合

在经过 MAC 层处理之后完成聚合，因此对于 802.11 MAC 层而言，这是多个报文，每个报文都需要 ACK 回复，通过 Block ACK 来完成。

4. Short GI

802.11a/b/g 标准要求在发送数据时必须要保证在数据之间存在 800 ns 的时间间隔，这个间隔被称为 Guard Interval（GI）。

802.11n 仍然默认使用 800 ns。当多径效应不严重时，可以将该间隔配置为 400 ns，可将吞吐量提高近 10%，此技术称为 Short GI。

◆ 任务二　了解 WLAN 介质访问机制

一、802.11MAC 层功能

1. MAC 层冲突避免机制（CSMA/CA）

由于射频信号带宽的限制，WLAN 使用的"冲突检测"介质访问控制规则与有线网络不同。针对MAC层可以发生的"冲突"现象，WLAN采用了"冲突避免"介质访问机制，即是利用"确认（ACK）信号"来避免"冲突"的发生。

如图3-3所示，只有发送端收到对端设备发回的"确认（ACK）信号"后，才确认发送的数据已经正确到达目的设备（广播数据帧不需要ACK确认）。

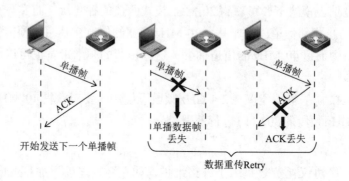

图 3-3　WLAN 数据传输"确认（ACK）信号"过程

2．802.11 MAC 层数据帧类型

802.11 MAC层负责客户端与无线设备AP之间的通信，主要功能包括扫描、认证、接入、加密、漫游等。

802.11 MAC层报文分为三类：数据帧、控制帧、管理帧，各种类型帧的作用如下：

① 数据帧：用户的数据报文。

② 控制帧：协助数据帧收发的控制报文，如RTS、CTS、ACK等。工作站STA发送RTS帧的作用是预约无线信道的使用权，并要求接收到这一消息的其他工作站保持listen（侦听）状态；无线设备AP发送CTS帧的作用是让附近的无线工作站都继续保持listen（侦听）状态，让它们都停止数据传送；RTS/CTS帧是避免在无线覆盖范围内出现隐藏节点的控制帧。ACK是比较常见的确认帧，WLAN设备每发送一个数据报文，都要求通信的双方回复一个ACK报文，这样才认为数据发送成功。

③ 管理帧：负责工作站STA和AP之间的能力级的交互，完成认证、关联等管理工作，如Beacon、probe、Authentication及Association等。Beacon和probe是用于WLAN设备之间互相发现的，Authentication、Association是用于WLAN设备之间互相认证和关联使用的。

二、WLAN 介质访问规则

无线局域网标准802.11协议的MAC层和局域网802.3协议的MAC层的通信过程相似，都是在一个共享媒介之上支持多个用户共享资源，由发送者在发送数据前先进行网络可用性检测。802.3协议的MAC层使用CSMA/CD协议来完成介质访问控制，而802.11无线局域网使用CSMA/CA协议来完成介质访问，这是由于在检测冲突时，设备必须能够一边接收数据信号一边传输数据信号，而这在无线网络系统中根本无法做到。

1．CSMA/CA 工作原理

① 首先检测信道是否有使用，如果检测出信道空闲，则等待一段随机时间后才送出数据。

② 接收端如果正确收到此帧，则经过一段时间间隔后，向发送端发送确认帧 ACK。

③ 发送端收到 ACK 帧，确定数据正确传输，在经历一段时间后，会出一段空闲时间。

2. WLAN 网络中 CSMA/CA 协议的工作过程

图 3-4 所示的是 WLAN 网络中的 CSMA/CA 协议的工作过程，具体工作过程如下：

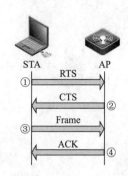

图 3-4 WLAN 网络中 CSMA/CA 协议的工作过程

① 无线终端 STA 在发送数据前，先监听无线状态，检测无线信道是否空闲，如果检测出无线信道空闲，侦听到没有无线设备使用无线射频时，则等待一段时间后，才可以发送数据。由于每台设备采用的随机时间不同，因此可以减少冲突的机会。

② 无线终端 STA 发送数据前，先发送请求传送报文（Request to Send，RTS）给目标端 AP，等待目标端 AP 回应（Clear to send，CTS）报文后，才开始发送数据。利用 RTS 与 CTS 交互，确保接下来数据发送时不会被碰撞。由于 RTS、CTS 报文较小，让数据传送的无效开销变小。

③ RTS 与 CTS 交互完成后，无线终端 STA 发送数据，目标端 AP 收到 STA 的数据帧后，回复确认（ACK）信号，予以确认。至此，无线终端 STA 完成数据帧发送任务。

三、WLAN 无线接入管理过程

无线客户端 STA 接入到 802.11 无线局域网的过程如图 3-5 所示，可分为四个步骤：扫描（Scanning）、认证（Authentication）、关联（Association）、数据收发。

1. WLAN 信号扫描过程

扫描（Scanning）是工作站 STA 接入无线网络的第一个步骤，STA 通过扫描功能来寻找周围的无线接入服务，或在漫游时寻找新的 AP。STA 通过扫描方式来完成 Discovery 功能，加入附近的一个无线网络中。通常扫描方式分为两种：被动扫描（Passive Scanning）和主动扫描（Active Scanning）。

（1）被动扫描

被动扫描是 STA 通过侦听 AP 定期发送的 Beacon（信标帧，广播帧类型，默认周期为 100 ms）来发现周围的无线网络。Beacon 帧内容含该台 AP 基本服务信息：BSSID（AP 的 MAC 地址）、SSID、速率、认证方式、加密算法、Beacon 帧发送间隔、使用信道等。

所有无线局域网中的 AP 设备，都会周期性发送 Beacon 帧，无线客户端会侦听到多台 AP 发送过来的 Beacon 消息，如图 3-6 所示。

（2）主动扫描

主动扫描是 STA 在每个信道上发送 Probe Request 帧，从 AP 回应的 Probe Response 中获取 WLAN 网络中的信号。

在主动扫描模式中，STA 扮演着比较积极的角色。无线客户端 STA 在每条信道上发送 Probe Request 帧（SSID 为 null）以请求需要连接的无线接入服务，当前信道所有 AP 都会发送 Probe Response 帧响应，STA 从 AP 回应的 Probe Response 消息中获取 SSID 的基本信息，如图3-7所示。Probe Response 帧包含的信息和 Beacon 帧类似。STA 根据信号强度，决定选择哪台 AP 接入。

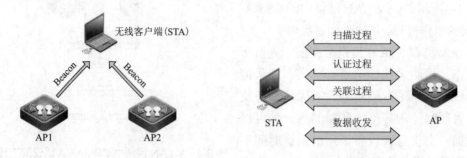

图 3-5　无线客户端 STA 接入 WLAN 过程　　图 3-6　无线设备 AP 定期发送 Beacon 消息

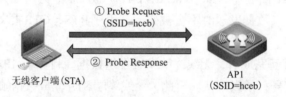

图 3-7　无线客户端 STA 主动扫描 AP

指定 SSID 扫描是指当无线客户端 STA 希望连接特定无线网络或已经成功连接到一台无线 AP 的情况下，STA 会定期发送单播探测请求帧 Probe Request（携带指定 SSID）。通过指定 SSID 扫描，无线客户端 STA 可以主动扫描到指定的 WLAN 网络，如图3-8所示。

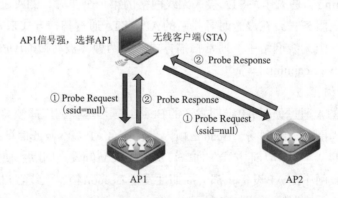

图 3-8　STA 指定 SSID 的主动扫描

隐藏 SSID 为最简单方便的保证无线网络安全的手段之一。例如在一个办公大楼的无线网络提供两个无线接入服务，分别是"Office"和"Visitor"。其中 SSID="Office" 为公司员工提供无线接入服务，连接此 SSID 可访问公司内网资源，SSID="Visitor" 为外部访客提供无线接入服务，连接此 SSID 可访问 Internet 资源。为了提高公司网络的安全性，可以在

"Office"无线服务中采用隐藏 SSID 的方式，即 AP 发送的 Beacon 帧中将不包含有此 SSID 的信息，这样外部访客将不知道名为"Office"的无线服务，而内部员工则可通过主动扫描的方式连接 SSID="Office"，如图 3-9 所示。

2. 认证（Authentication）过程

为了保证无线网络链路安全，无线客户端 STA 接入 WLAN 时，AP 需要对 STA 进行认证，只有通过安全认证后才能进入关联阶段。

为了保证无线传输链路的安全，802.11 MAC 层定义了两种认证方式：Open-system Authentication（开放系统认证）和 Shared-Key Authentication（共享密钥认证）。

（1）Open-System Authentication（开放系统认证）

无线客户端 STA 以 MAC 地址为身份证明，要求网络 MAC 地址必须是唯一的，几乎等同于不需要认证，没有任何安全防护能力。认证过程由以下两个步骤组成：第一，工作站发送身份声明和认证请求；第二，基站应答认证结果，如果返回的结果是 success，表示两者已相互认证成功，如图 3-10 所示。

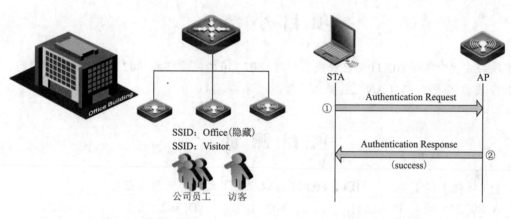

图 3-9　隐藏 SSID　　　　　图 3-10　开放系统认证

可通过其他方式来保证用户接入网络的安全性，如 MAC 地址过滤、授权的 MAC 地址列表等。

（2）Shared-Key Authentication（共享密钥认证）

采用 WEP 加密时，会使用此方式。此方式需要 AP 发送明文 challenge text 和 STA 回复密文 challenge text，AP 端进行密文解密和明文比较，比较结果相同，则认证成功，否则认证失败，如图 3-11 所示。

此方式安全性不高，攻击者可通过监听发送的明文和密文，计算出 WEP key。

3. 关联（Association）过程

身份验证完成后，无线客户端 STA 就进入 Association（关联）阶段。如图 3-12 所示，首先由 STA 发送 Association Request（关联请求）帧，AP 随后对关联请求进行处理。AP 处理关联请求过程中未使用任何防护。关联成功后，AP 向 STA 回应 Association Response 帧，此帧含有关联标识符（Association ID，简称 AID）。

无线客户端STA与AP关联成功后，后续数据报文的收发只能与建立关联的AP进行。

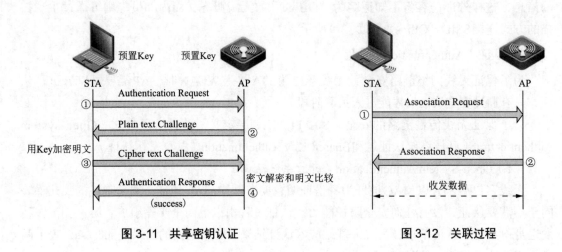

图 3-11 共享密钥认证   图 3-12 关联过程

项 目 小 结

本项目主要介绍了802.11协议簇成员标准、802.11n的关键技术、802.11的MAC层功能、WLAN介质访问规则、WLAN无线接入管理过程等内容。

项 目 测 试

1.（单选题）以下（   ）IEEE 802.11 协议规定了无线局域网的安全。

A. 802.11a   B. 802.11n   C. 802.11e   D. 802.11h   E. 802.11i

2.（多选题）以下哪些技术为 802.11n 所使用的关键技术？（   ）

A. OFDM-MIMO   B. 信道捆绑

C. 帧集合   D. Short Gi

3.（多选题）WLAN 802.11n 的技术特点有哪些？（   ）

A. 无线速率显著提升

B. 覆盖范围更广

C. MIMO 技术的应用使得无线信号的稳定性更高

D. 能够兼容 802.11a/b/g 终端

E. 在复杂环境中信号穿透能力更强

F. 单个 AP 用户接入数量更大

4.（单选题）支持802.11n的AP使用20 MHz信道带宽与802.11n无线网卡可协商的最

高速率是（　　　）Mbit/s。

  A. 54　　　　　　B. 108　　　　　　C. 150　　　　　　D. 300

  5.（单选题）当 AP 中配置 SSID 加密类型为 WEP 加密（密码为 12345），MAC 层认证方式为 Shared-Key，当客户端输入的密码为 54321 时会出现那些现象？（　　　）

  A. 客户端可以成功连接 AP，但无法正常通信

  B. 客户端可以成功连接 AP，也可以正常通信，但数据报文为明文传输

  C. 客户端会提示密码错误，要求重新输入

  D. 客户端无法成功连接 AP

  6.（多选题）STA 和 AP 在进行接入认证和关联之前需要相互的信息以及进行能力级别的交互，这个过程可以通过下面哪些报文的广播或交互得以实现？（　　　）

  A. Authentication Request   B. Beacon

  C. Probe Request   D. Probe Response

  7.（单选题）STA 用来终结认证关系的报文是（　　　）。

  A. Authentication   B. Deauthentication

  C. Deassociation   D. Association

  8.（多选题）无线客户端可以搜索到 WLAN 信号但关联不上 AP，可能的原因有（　　　）。

  A. AP 距离过远或障碍物过多，信号强度低于无线网卡接收灵敏度

  B. 周围环境中存在强干扰源

  C. 关联到该 AP 的用户过多

  D. 客户端无线网卡加密方式与 AP 不一致

  9.（多选题）在 802.11 MAC 层报文分为哪几种类型？（　　　）

  A. 管理帧　　　B. 监控帧　　　C. 控制帧　　　D. 数据帧

  10.（多选题）以下哪些帧属于 802.11 MAC 层管理帧？（　　　）

  A. Association Request/Response B. Data

  C. RTS,CTS,ACK   D. Authentication Request/Response

  E. Probe Request/Response   F. Beacon

项目四

认识 WLAN 设备

项目场景

　　无线网络在生活中无处不在，大家随时随地都可以搜索附近的 Wi-Fi 信号，使用无线网络。但 Wi-Fi 信号是从哪儿发射出来？通过什么设备发射出来？

　　随着 WLAN 技术的不断发展，无线局域网设备的产品形态也越来越丰富，常见 WLAN 组网设备包括无线工作站（STA）、无线网卡、无线接入点（AP）、无线控制器（AC）、无线网桥等。

知识目标

- 了解智能无线终端设备和无线网卡类别。
- 了解无线接入点（AP）的功能和分类。
- 了解无线控制器（AC）的功能。
- 了解无线网桥的功能、类别及互连方式。
- 掌握天线的原理与主要参数。

技能目标

　　能够根据不同需求选择合适的 WLAN 设备。

任务一　　认识无线终端设备

一、智能无线终端设备

1. 无线工作站（STA）

无线工作站是指通过无线网卡连接到无线网络中的计算机或智能终端设备。这些无线

客户端设备使用无线网卡，通过无线通信设备和
通信协议，接入到附近的无线局域网中。

常见的无线终端设备包括笔记本计算机、台
式计算机、智能手机、PDA、数码照相机、无线
打印机、无线投影仪等，如图4-1所示。

2. 智能无线终端设备连接 Wi-Fi

当今的智能手机、PAD等智能设备都已经通
过 Wi-Fi 联盟认证，通过搜索附近 Wi-Fi 信号方
式接入到无线局域网，如图4-2所示。

图 4-1 无线终端 STA 设备

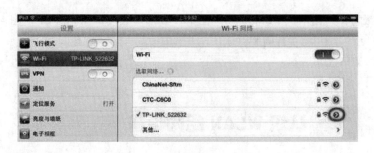

图 4-2 智能 PAD 连接 Wi-Fi

二、无线网卡

无线网卡是一种无线终端设备，在无线局域网的无线覆盖下实现本地智能终端设备接
入无线网络。作为无线网络的射频接口，接收和发送无线信号，实现智能终端设备与无线
局域网的连接。

按照功能的不同，无线网卡分为WLAN网卡和无线上网卡两种类型。

1. WLAN 网卡

WLAN网卡根据不同的接口类型可分为4种，即 PCI 无线网卡、PCMCIA 无线网卡、
USB 无线网卡和MINI-PCI 无线网卡。

（1）PCI 无线网卡

PCI无线网卡适用于台式计算机，直接插在主板上，并需要安装驱动程序使用，如
图4-3所示。

（2）PCMCIA 无线网卡

PCMCIA无线网卡仅适用于笔记本计算机，支持热插拔，即插即用，方便实现移动式
无线接入，如图4-4所示。

（3）USB 无线网卡

USB 无线网卡安装驱动程序即可使用，支持热插拔和即插即用，如图4-5所示。

（4）MINI-PCI 无线网卡

MINI-PCI 是笔记本计算机内置型无线网卡，是在PCI的基础上发展起来的。Mini-PCI

的定义与 PCI 基本上一致，只是在外形上进行了微缩，如图 4-6 所示。

2. 无线上网卡

无线上网卡指的是无线广域网卡，连接到无线广域网，用于访问 Internet，如 3G、4G 上网卡，如图 4-7 所示。

图 4-3 PCI 无线网卡 图 4-4 PCMCIA 图 4-5 USB 图 4-6 MINI-PCI 图 4-7 无线上网卡

无线网卡   无线网卡   无线网卡

 任务二   认识 WLAN 组网设备

WLAN 网络设备包含 STA（无线终端）、AP（无线接入点）、AC（无线控制器）和无线网桥等 WLAN 相关设备，如图 4-8 所示。

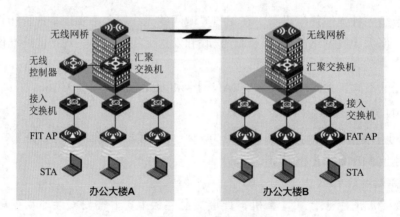

图 4-8 WLAN 组网设备

一、无线 AP

AP 是一个无线网络的接入点，俗称"热点"，负责无线终端的无线射频信号的接入，提供无线客户端到局域网的桥接功能，在无线客户端与无线局域网之间进行无线到有线和有线到无线的帧转换，如图 4-9 所示。按照无线产品功能，通常将 AP 分为"胖"AP（FAT AP）和"瘦"AP（FIT AP）。按照 AP 安装方式，还可以将 AP 分为室内放装 AP、室外放装 AP 和室分 AP。

1. FAT AP

FAT AP 不仅提供无线射频信号接入，还将 WLAN 的物理层、用户数据加密、用户认证、网络管理、漫游技术以及其他应用层的功能集于一身，俗称胖 AP。每个 FAT AP 都是一个独立的自治系统，相互之间独立工作。

图 4-9　无线接入设备 AP

在实际使用中，FAT AP 会有以下几个方面的限制：

① 每台 FAT AP 都只支持单独进行配置，组建大型网络对于 AP 的配置工作量巨大。

② FAT AP 的配置都保存在 AP 上，AP 设备的丢失可造成系统配置的外泄。

③ FAT AP 的软件都保存在 AP 上，软件升级时需要逐台升级，维护工作量大。

④ 随着网络规模的变化，网络自身需要支持更多的高级功能，这些功能需要网络内的 AP 协同工作（非法用户和非法 AP 的检测等），FAT AP 很难完成这类工作。

⑤ FAT AP 一般都不支持三层漫游。

⑥ AP 功能多，成本高，大规模部署时投资成本大。

FAT AP 主要应用于家庭、SOHO 办公网或中小型企业网场景中的无线信号覆盖，适合规模较小并对管理和漫游要求比较低的无线网络部署，如图 4-10 和图 4-11 所示。对于大规模无线网络部署，如大型企业网无线应用、行业无线应用及运营级无线网络，FAT AP 配置和管理困难增多，且 AP 数量越多，管理费用就越高，因此 FAT AP 无法支撑大规模无线网络的部署。

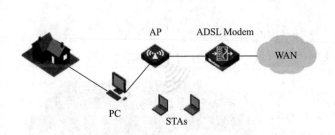

图 4-10　家庭或 SOHO 网络的组网模式

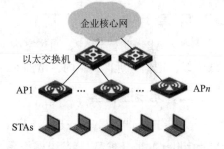

图 4-11　中小企业网络的组网模式

2. FIT AP

FIT AP 俗称"瘦"AP，即减少 FAT AP 设备上诸多无线网络管理功能，仅保留无线射频信号的接入功能。

如图 4-12 所示的 FIT AP+无线控制器 AC 组网方案中，瘦 AP 仅承担网络智能终端设备的射频信号接入，无线控制器负责集中处理所有的安全、控制和管理功能。

3. 室内放装 AP

室内放装 AP 直接安装在室内，实现室内的无线信号覆盖，称为"放装"。

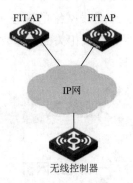

图 4-12　FIT AP +AC 组网

室内放装型 AP 可根据不同办公环境，实施灵活组网，适用于建筑面积相对较小、用户相对集中的场合，如办公室、小型会议室、酒吧、休闲中心等场景。

室内放装 AP 都有一个共同特点是隐藏天线、体积小，部署室内不影响室内装潢。放装 AP 利用设备自带隐藏天线进行无线射频信号覆盖，通过以太网接口连接有线网络，实现访问 Internet，图 4-13 所示为挂墙、吸顶的室内放装 AP 设备。

室内放装 AP 还有另外一种产品形态，称为"面板型 AP"，如图 4-14 所示。面板型 AP 一般采用 FIT AP 模式，通过 AC 设备实现集中管理，这种 AP 装在室内与墙面融为一体，适用于酒店、宿舍的无线覆盖。

4. 室外放装 AP

室外放装 AP 应用在室外大范围无线网络场景的覆盖，如图 4-15 所示。室外放装 AP 适用于体育场、公共广场、校园、公园等室外较为聚集的空旷地带进行无线覆盖。

图 4-13　挂墙、吸顶的室内　　图 4-14　面板型 AP 设备　　图 4-15　室外智能型大功率放装 AP
　　　　　放装 AP 设备

5. 室分 AP

室分 AP 也叫智分 AP，通过室内天线进行室内的无线信号覆盖。室分 AP 利用室分系统馈线天线，把信号延伸到室内，增加室内无线信号覆盖，不需要在每个房间单独部署一台 AP。

二、无线控制器

无线控制器（Wireless Access Point Controller）是一种 WLAN 组网设备，如图 4-16 所示，它是 FIT AP+AC 无线局域网组网方案中重要的组网设备，用来集中化控制无线 AP，是

图 4-16　无线控制器

一个无线网络的核心，负责管理无线网络中的所有无线 AP，对 AP 的管理包括：下发配置、修改相关配置参数、射频智能管理、接入安全控制等。

任务三　　认识无线网桥和天线

一、无线网桥

无线网桥是一种采用无线技术进行网络互连的特殊功能的 AP。它通过 802.11 无线接口

将两个网络（有线或无线网络）桥接起来，一般都在 5.8 GHz 频段上使用，可以提供高达 54 /108 Mbit/s 的速率，同时为了保证无线桥接通信的效果，防止信号大幅度衰减，无线网桥之间应尽量可视，不能有障碍物阻挡。

无线网桥可分为工作组网桥和长距专业网桥。工作组网桥适合于连接两个短距离的网络，通常距离都在几百米，一般都支持双 Radio，用 802.11g 做用户覆盖，用 802.11a 做上行的无线桥接互连。长距专业网桥适合于连接两个长距离的有线网络，一般需要配备高增益的定向天线，在无遮挡、无干扰情况下，距离可达到 10 km 以上。

常见的无线网桥互连方式有两种：一种是点对点连接，即通过无线网桥将两个有线或无线网络连接起来；另一种是点到多点连接，即通过无线网桥点对多点的方式将多个有线或无线网络以全连接或部分连接的方式互连起来，建议一般不超过四点。

二、天线

1．天线概述

天线用于发送和接收无线射频信号，提高无线设备输出信号强度，如图 4-17 所示。无线设备发射的射频信号功率，通过馈线输送到天线，由天线以电磁波形式向自由空间辐射出去。电磁波到达接收设备，由天线接收下来，再通过馈线传输到无线终端。天线的主要技术指标为工作频率、方向性、增益、极化方向、波瓣宽度等。

当无线网络中的工作站与 AP 相距较远时，随着信号的减弱，传输速率会明显下降。此时必须借助于天线进行增益，即通过天线把从 AP 取得的能量向周围空间辐射出去，如图 4-18 所示。

图 4-17　无线网络天线　　　　　　　　图 4-18　天线工作原理

天线输出信号强度提升称为增益，增益越高，射频信号传输距离则越远。

2．天线的类型

天线品种繁多，以供不同频率、不同用途、不同场合、不同要求等不同情况使用。

按用途分类：可分为通信天线、电视天线、雷达天线等。

按工作频段分类：可分为短波天线、超短波天线、微波天线等。

按方向性分类：可分为全向天线、定向天线等。

按外形分类：可分为线状天线、面状天线等。

3．常见的天线产品

常见的天线产品如表 4-1 所示。

表 4-1　常见的天线产品

名　称	实　物　图
2.4 GHz 定向壁挂天线	
室内吸顶天线	
室外板状天线	
全向天线	
室外柱状天线	
栅状抛物面天线	
抛物面天线	
圆形面板天线	

4．天线方向性

（1）全向天线

全向天线是指在水平面上各向能量辐射相等的天线。全向天线在通信系统中一般应用距离短，覆盖范围大。

（2）定向天线

定向天线是指在水平面上各向能量辐射不相等的天线。定向天线在水平方向图上表现为一定角度范围辐射，具有方向性。

5．增益

天线的增益用来描述一个天线把输入功率集中辐射的程度，以比值的形式来表示。增益是指在输入功率相等的条件下，实际天线最强辐射方向上的功率密度与理想的辐射单元在空间同一点处的功率密度之比，即功率比。此参数表示天线功率放大倍数，数值越大表示信号的放大倍数就越大。即当增益数值越大，信号越强，传输质量就越好。

增益的物理含义：在一定的距离上的某点处产生一定大小的信号，如果用理想的无方向性点源作为发射天线，需要 100 W 的输入功率，而用增益为 G=13 、dB=20 的某定向天线作为发射天线时，输入功率只需 100 W / 20=5 W。换言之，某天线的增益，是就其最大辐射方向上的辐射效果来说，与无方向性的理想点源相比，把输入功率放大的倍数。

6．天线的极化

电磁波在空间传播时，其电场是按一定的规律变化，这种现象称为电磁波的极化。

天线的极化方向即是天线辐射的电磁波中的电场方向。

电磁波的电场方向垂直于水平面，称为垂直极化，如图 4-19 所示；电磁波的电场方向与水平面平行，称为水平极化，如图 4-20 所示。

在实际的使用中，应保证接收端与发射端使用相同极化方式的天线。

7．波瓣宽度

在描述天线的方向图上，通常都有两个或多个瓣。其中，辐射强度最大的瓣称为主瓣；其余的瓣称为副瓣或旁瓣。天线的波瓣如图 4-21 所示。

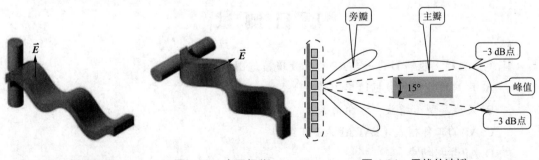

图 4-19　垂直极化　　　图 4-20　水平极化　　　图 4-21　天线的波瓣

在天线主瓣的最大辐射方向两侧，辐射强度降低 3 dB（备注：功率密度降低一半）的两点间的夹角，称为波瓣宽度（又称为"波束宽度"或"主瓣宽度"或"半功率角"）。波瓣宽度越窄，则方向性越好，作用距离越远，抗干扰能力越强。

8. 增益与波瓣宽度的关系

天线的增益与天线方向图有关，方向图主瓣越窄，副瓣越小，则增益越高。如图4-22所示，在天线垂直波瓣一定的情况下，其增益越大，则水平波瓣越小；同理，在天线水平波瓣一定的情况下，其增益越大，则垂直波瓣将越小。

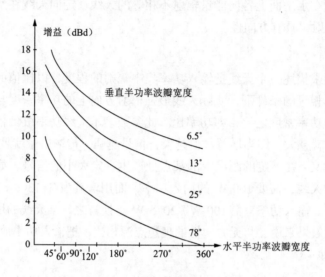

图 4-22　增益与波瓣宽度的关系

项 目 小 结

本项目主要介绍了智能无线终端设备和无线网卡类别、无线接入点（AP）的功能和分类、无线控制器（AC）的功能、无线网桥功能与类别，以及互连方式、天线的原理与主要参数。

项 目 测 试

1.（多选题）能够影响一台AP的有效覆盖范围的主要因素是（　　　　）。

　　A. 用户所期望的数据速率（带宽）

　　B. 天线类型（增益、方向角等）

　　C. AP的工作模式（FAT AP 或 FIT AP）

　　D. AP发射功率

　　E. AP及天线的安装位置

2.（单选题）天线的线性极化方向分为哪几种类型？（　　　　）

　　A. 垂直或者水平　　　　　　　　B. 左或者右

C. 长或者宽　　　　　　　　　　　D. 前或者后

3.（单选题）用来描述天线对发射功率的汇聚程度的指标是（　　　）。

A. 极性　　　　　　B. 功率　　　　　　C. 带宽　　　　　　D. 增益

4.（多选题）以下关于天线描述正确的是（　　　）。

A. 天线的选择应符合覆盖场景的要求，并非增益越大越好

B. 天线的增益越大越好，使用大增益的天线可以获取更大的发射功率

C. 天线的增益越大代表对信号的汇聚程度越高

D. 天线的增益越大，覆盖的角度就越小

5.（多选题）增加全向天线的增益时，关于天线的覆盖范围，哪些描述为正确的？（　　　）

A. 天线水平方向的覆盖范围增加

B. 天线水平方向的覆盖范围减少

C. 天线垂直方向的覆盖范围增加

D. 天线垂直方向的覆盖范围减少

6.（多选题）在使用 AP 进行无线桥接时需要注意（　　　）。

A. 两个 AP 必须工作在相同信道上

B. 本端 AP 正确配置对端 AP 的 MAC 地址，即 peer-mac

C. 两端天线角度是否对准

D. AP 间距离是否合适，中间是否有障碍物

7.（多选题）当无线客户端检测不到信号时，可能的原因有（　　　）。

A. 客户端错误设置，如无线服务未启动

B. AP 信号弱导致覆盖不到

C. AP 配置有误导致 AP 没有发射信号

D. AP 工作于 802.11a 模式下，而客户端网卡工作于 802.11b/g 模式下

8.（单选题）以下不是 FAT AP 的不足之处的是（　　　）。

A. 每台 FAT AP 都只支持单独进行配置，组建大型网络对于 AP 的配置工作量巨大

B. FAT AP 的配置都保存在 AP 上，AP 设备的丢失可造成系统配置的泄露

C. FAT AP 的软件都保存在 AP 上，软件升级时需要逐台升级，维护工作量大

D. 无须无线控制器，可以独立工作

9.（多选题）以下哪些项属于 AC 的功能？（　　　）

A. 接入控制　　　　　　　　　　　B. 用户限速

C. 终端 IP 地址分配　　　　　　　　D. 发射无线射频信号

10. 对于 AC+FIT AP 的组网架构，下面描述错误的是（　　　）。

A. AP 不能单独工作，需要由 AC 集中代理维护管理

B. 可以通过 AC 增强业务 QoS、安全等功能

C. AP 本身零配置，适合大规模组网

D. 必须通过网管系统实现对 AP 和用户的管理

项目五

熟悉无线局域网组网模式

项目场景

随着WLAN技术的快速发展，智能手机、平板计算机等各类智能移动终端快速兴起，越来越多的家庭都希望实施无线Wi-Fi全覆盖，在家中随时随地实现各类移动终端接入有线网络，享受移动技术的便利。

通过本项目的学习，了解家庭无线的组网技术，掌握无线局域网的组网模式。

知识目标

- 了解AD-Hoc组网模式和Infrastructure组网模式。
- 了解WLAN组网元素。
- 掌握Infrastructure组网技术。

技能目标

能够构建基础结构无线局域网。

任务一　　了解 WLAN 组网模式

一、WLAN 组网模式

WLAN的组网模式分为AD-Hoc组网模式和Infrastructure组网模式两种。Infrastructure组网模式可分为FAT AP自治式组网架构、AC+FIT AP集中式组网架构、无线分发系统WDS组网架构和Mesh组网模式等。

1. AD-Hoc 组网模式

AD-Hoc组网模式是一种特殊的WLAN组网模式，多台计算机之间通过无线网卡连接，不需要无线 AP，也称为无中心节点组网模式。

如图 5-1 所示，多台笔记本计算机终端通过无线网卡连接，实现无线通信。

2．Infrastructure 组网模式

Infrastructure 组网模式是以一台无线 AP 或无线路由器为中心设备的组网技术。AP 类似星状有线网络拓扑的集线器，无线终端（工作站）通过 AP 接入无线网络连接，实现访问 Internet，如图 5-2 所示。

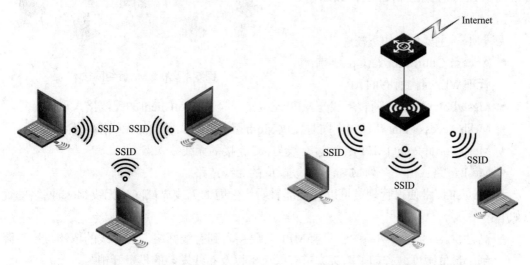

图 5-1　AD-Hoc 组网模式　　　　　图 5-2　Infrastructure 组网模式

3．WDS 组网技术

无线分布式系统（Wireless Distribution System，WDS）是通过无线方式连接多台无线 AP，使用无线网桥技术实现多个独立的无线网络通信，实现点到点或点到多点的无线网络连接，适用于公司、大型仓储、制造、码头等领域，如图 5-3 所示。

图 5-3　WDS 无线分布式系统组网技术

WDS 网络的优点：

- 通过无线网桥连接两个独立的 WLAN 网段，并在它们之间提供数据传输。
- 低成本，高性能。
- 扩展性好，并且无须铺设新的有线连接和部署更多的 AP。

4. Mesh 组网技术

无线 Mesh 网络是一种新的无线局域
网类型。与传统的 WLAN 不同的是，无
线 Mesh 网络中的 AP 是无线连接的，而
且 AP 间可以建立多跳的无线链路。无线
Mesh 网络只是对骨干网进行了变动，和
传统的 WLAN 没有任何区别，如图 5-4
所示。

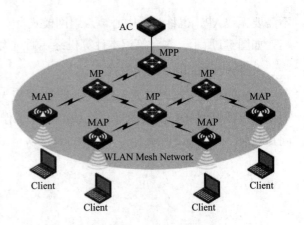

图 5-4　无线 Mesh 组网技术

无线 Mesh 主要包含如下概念：

- Access Controller（AC）：控制和管理 WLAN 内所有的 AP。
- Mesh Point（MP）：通过无线与 MPP 连接，但是不接入 Client 的无线接入点。
- Mesh Access Point（MAP）：同时提供 Mesh 服务和接入服务的无线接入点。
- Mesh Portal Point（MPP）：通过有线与 AC 连接的无线接入点。
- Mesh 链路：由一系列 Mesh 连接级联成的无线链路。

无线 Mesh 技术使得管理员可以轻松部署质优价廉的无线局域网。无线 Mesh 网络的优点如下：

- 高性价比。Mesh 网络中，只有 MPP 需要接入到有线网络，对有线的依赖程度被降到了最低限度，省却了购买大量有线设备以及布线安装的投资开销。
- 可扩展性强。Mesh 网络中 AP 之间能自动相互发现并发起无线连接建立，如果需要向网络中增加新的 AP 节点，只需要将新增节点安装并进行相应的配置。
- 部署快捷。组建 Mesh 网络，除 MPP 外的其他 AP 均不需要走线接入有线网络，和传统 WLAN 网络相比，大大缩短组建周期。
- 应用场景广。Mesh 网络除了可以应用于企业网、办公网、校园网等传统 WLAN 网络常用场景外，还可以广泛应用于大型仓库、港口码头、城域网、轨道交通、应急通信等应用场景。
- 高可靠性。传统 WLAN 网络模式下，一旦某个 AP 上行有线链路出现故障，则该 AP 所关联的所有客户端均无法正常接入 WLAN 网络。而 Mesh 网络中各 AP 之间实现的是全连接，由某个 Mesh AP 至 Portal 节点（有线网络）通常有多条可用链路，可以有效避免单点故障。

二、WLAN 组网元素

组建无线局域网，实现 WLAN 无线网络正常通信，不仅需要无线组网设备，还需要配置 WLAN 组网元素。

1. WLAN 服务集 SS

WLAN 服务集 SS（Service Set）是描述无线网络的构成单位，表示一组互相有联系的无线设备。

服务集SS构成一个完整的无线局域网系统，如校园网提供的无线网络。所有通信设备之间就构成了一个无线服务集SS，如图5-5所示。服务集SS使用统一服务集标识符（SSID）作为标识，可包含AP设备或不包含AP设备。

2. 基本服务集 BSS

在WALN服务集SS中，使用AP的MAC地址作为WALN网络的服务集标识符，称为基本服务集BSS，如图5-6所示。其标识符称为BSSID（基本服务集标识符）。

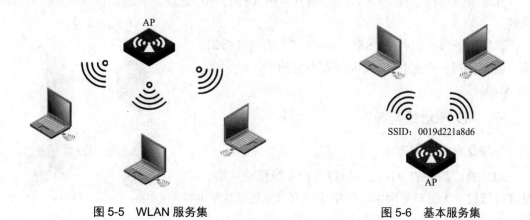

图 5-5　WLAN 服务集　　　　　　　　　图 5-6　基本服务集

3. 扩展服务集 ESS

组建大型WLAN通常需要安装多台无线AP设备，才能实现无线信号全覆盖。其中每台AP都得配置一个无线标识符SSID，以便用户识别和接入。这种通过管理员配置了SSID标识的SS服务集，称为扩展服务集ESS（Extend Service Set），标识符称为ESSID（扩展服务集标识符）。

由于BSS覆盖的范围有限，因此需要通过扩展服务集ESS来实现无线漫游过程业务不中断。扩展服务集ESS是多个基本服务集BSS的集合，使用相同的ESSID互连而成，如图5-7所示。

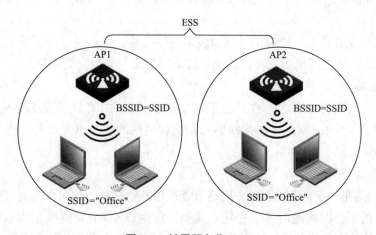

图 5-7　扩展服务集 ESS

4. 服务集标识符 SSID

服务集标识符SSID是一个WLAN网络的标识，标识一个WLAN服务集SS名称，用于区别不同的WLAN网络系统，根据标识方式可分为两种：基本服务集标识符（BSSID）和扩展服务集标识符（ESSID）。SSID是无线设备扫描无线网络时看到的无线网络标识，通过它用户可以直观地了解周围的无线信号源，并选择连接或断开。我们常用的可以表示无线网络名称的是ESSID。

基本服务集标识符（BSSID）：通常使用AP的MAC地址，表示该台AP管理WLAN区域。

扩展服务集标识符（ESSID）：自定义的网络标识符，通常使用一个最长32位区分大小写的字符串表示WLAN名称。

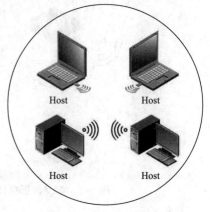

图 5-8　AD-Hoc 无线对等网络

三、AD-Hoc 组网模式

1. AD-Hoc 组网方式

AD-Hoc结构WLAN是一种特殊的无线移动网络，是临时搭建的无线对等网络。网络中所有节点的地位平等，无须设置任何的中心控制节点。网络中的节点不仅具有普通移动终端所需的功能，而且具有报文转发能力，如图5-8所示。

由于没有AP设备，且无线网卡传输距离有限，因此AD-Hoc结构WLAN网络在可管理性、扩展性和距离等方面都有限制。

2. AD-Hoc 组网模式特征

AD-Hoc网络与普通的移动网络和固定网络相比，它具有以下特点：

（1）无中心

AD-Hoc网络没有严格的控制中心。所有节点的地位平等，即是一个对等式网络。节点可以随时加入和离开网络。任何节点的故障不会影响整个网络的运行，具有很强的抗毁性。

（2）自组织

网络的布设或展开无须依赖于任何预设的网络设施。节点通过分层协议和分布式算法协调各自的行为，节点开机后就可以快速、自动地组成一个独立的网络。

（3）多跳路由

当节点要与其覆盖范围之外的节点进行通信时，需要中间节点的多跳转发。与固定网络的多跳不同，AD-Hoc网络中的多跳路由是由普通的网络节点完成的，而不是由专用的路由设备（如路由器）完成的。

（4）动态拓扑

AD-Hoc网络是一个动态的网络。网络节点可以随处移动，也可以随时开机和关机，这些都会使网络的拓扑结构随时发生变化。这些特点使得AD-Hoc网络在体系结构、网络组织、协议设计等方面都与普通的蜂窝移动通信网络和固定通信网络有着显著的区别。

任务二　　了解 Infrastructure 无线组网模式

一、Infrastructure 无线组网模式和组网设备

1．Infrastructure 无线组网模式

Infrastructure无线组网模式类似有线网络星状拓扑，以AP设备为中心控制节点，无线智能终端通过AP接入WLAN，如图5-9所示。

2．Infrastructure 组网设备

Infrastructure模式WLAN组网的核心设备是无线AP，AP分为无线AP和无线路由器两类。无线AP用于组建企业无线网络；无线路由器用于组建家庭无线网络，还具备ADSL自动拨号功能，实现家庭网络接入Internet。

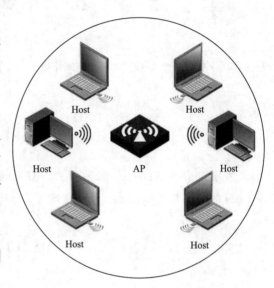

二、Infrastructure 组网拓扑和组网技术

图5-9　Infrastructure 无线组网模式

1．Infrastructure 组网拓扑

Infrastructure模式的无线组网有3种方案：

- 以无线路由器为中心的组网模式。由于家庭用户数量少，且通过拨号方式接入Internet，故此方案适用于家庭无线组网。
- 以无线AP为中心的组网模式（FAT AP模式），此方案适用于无线办公环境。
- 以无线控制器AC+无线AP的组网模式，此方案适用于无线校园网的组网环境。

2．Infrastructure 组网技术

Infrastructure组网模式的无线局域网由一台或多台AP构成，包括接入点AP、无线工作站及无线分布式系统。其中，接入点AP为无线网络核心设备，无线工作站通过无线网络标识符（SSID）实现连接，如图5-10所示。

三、组建家庭无线网络

家庭无线网络环境是采用以无线路由器为中心的组网模式，即使用一台无线路由器实现无线网络信号覆盖，以满足普通家庭无线网络接入需求。但在复杂户型环境中，由于有承重墙、隔墙、挡板等障碍物，导致信号在传输过程中衰减较大，则需要安装多台无线路由器加强信号。

家庭无线网络使用的无线路由器类似于有线网络中的宽带路由器，具备"无线AP+路由"的功能，且提供ADSL自动拨号，实现家庭宽带拨号方式接入Internet，如图5-11所示。

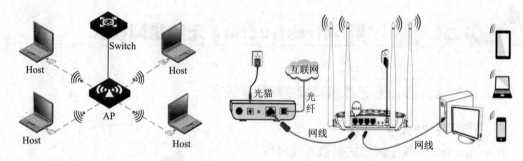

图 5-10　Infrastructure 模式的无线组网拓扑　　　　图 5-11　家庭无线网络连接

项 目 小 结

本项目介绍 AD-Hoc 组网模式、Infrastructure 组网模式与技术、WDS 组网技术、WLAN 组网元素、家庭无线网络组建等内容。

项 目 测 试

1.（单选题）下面关于无线自组网 AD-Hoc 技术的描述错误的是（　　　）。

　　A. 是一种特殊的自组织、对等式、多跳、无线移动网络

　　B. 网络中所有联网设备在移动过程中动态组网

　　C. 有中心控制节点

　　D. 不需要预先架设通信基站和路由器

2.（单选题）由一个无线 AP 以及关联的无线客户端组成的网络被称为（　　　）。

　　A. IBSS　　　　　B. BSS　　　　　C. ESS　　　　　D. NSS

3.（单选题）一个扩展服务集（ESS）中不包含（　　　）。

　　A. 若干个无线网卡　　　　　　　B. 若干个 AP

　　C. 若干个 BSS　　　　　　　　　D. 若干台路由器

4.（单选题）一个学生在自习室使用无线网连接到他的试验合作者的笔记本计算机，他使用的是（　　　）模式。

　　A. AD-Hoc　　　　B. 基础结构　　　C. 固定基站　　　D. 漫游

5.（单选题）WLAN 上的两台设备之间使用的标识码叫（　　　）。

　　A. BSS　　　　　B. ESS　　　　　C. SSID　　　　D. NID

6.（单选题）以下关于 AD-Hoc 模式描述正确的是（　　　）。

　　A. 不需使用无线 AP，但要使用无线路由器

　　B. 不需使用无线 AP，也不需使用无线路由器

　　C. 需要使用无线 AP，但不需要使用无线路由器

　　D. 需要使用无线 AP，也需要使用无线路由器

7.（判断题）BSSID 实际上就是 AP 的 MAC 地址，用来标识 AP 管理的 BSS（　　　）。

　　A. 正确　　　　　　　　　　　B. 错误

8.（判断题）WDS 技术提高了整个网络结构的灵活性和便捷性，但是只能支持点对点的工作模式（　　　）。

　　A. 正确　　　　　　　　　　　B. 错误

9.（单选题）SSID 的中文名称是（　　　）。

　　A. 基本服务集　　　　　　　　B. 基本服务区域

　　C. 扩展服务集　　　　　　　　D. 服务集标识

10.（单选题）由多个 AP 以及连接它们的分布式系统组成的基础架构模式网络，也称为（　　　）。

　　A. 基本服务集　　　　　　　　B. 基本服务区域

　　C. 扩展服务集　　　　　　　　D. 扩展服务区域

项目六

实施 FAT AP 无线局域网

📊 项目场景

随着WLAN技术的快速发展，办公网络的接入方式更强调方便性、移动性，因此越来越多的企业希望办公区域实施无线网络信号全覆盖，方便在企业办公区域随时随地接入企业内部网络，从而实现访问Internet。

由于办公场所需要接入的无线终端多，覆盖的无线区域面积大，因此无线办公网络的组网模式都采用Infrastructure模式，即以无线FAT AP为中心的组网模式。

🖥 知识目标

- 了解FAT AP组网拓扑。
- 了解FAT AP无线桥接功能。

🎯 技能目标

- 掌握FAT AP基本配置。
- 会根据应用需求正确配置FAT AP等设备。
- 掌握FAT AP无线桥接功能配置。

◆ 任务一　　掌握 FAT AP 基本配置

一、通过 Console 口的命令行方式

在通过Console口命令行方式配置FAT AP时，需要将主机通过Console口线缆与FAT AP的Console口连接，如图6-1所示。

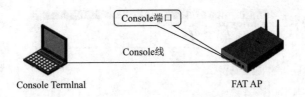

图 6-1　主机通过 console 口连接 FAT AP

通过 Console 口配置的操作步骤为：

步骤1　在 PC 中运行 SecureCRT，选择"文件"→"快速连接"命令，如图 6-2 所示。

图 6-2　步骤 1

步骤2　在"快速连接"窗口设置串口通信的相关参数，具体参数要求，如图 6-3 所示。

图 6-3　步骤 2

步骤3　在"快速连接"窗口设置相关参数后，选择"连接"，之后将出现命令行提示符（如<H3C>），表示进入 FAT AP 的 console 口命令行操作界面，如图 6-4 所示。

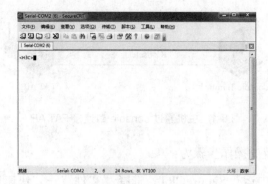

图 6-4　步骤 3

二、通过以太端口的 Web 页面方式

将主机网口通过以双绞线与 FAT AP 的以太网端口连接，如图 6-5 所示。

图 6-5　通过以太网端口连接 FAT AP

通过 Web 页面配置的操作步骤为：

步骤1　PC 配置终端的 IP 地址，保证与 FAT AP 在相同的网段，如 192.168.0.11/24，如图 6-6 所示。

图 6-6　步骤 1

步骤2　IP 地址设置完成后，通过 ping 192.168.0.50 测试与 FAT AP（H3C FAT AP 出厂默认 IP 地址为 192.168.0.50）是否可正常通信，如图 6-7 所示。

图 6-7 步骤 2

步骤3 在IE浏览器中输入http://192.168.0.50可访问FAT AP的Web登录页面，H3C FAT AP出厂默认Web登录的账号为admin，密码为h3capadmin，登录成功后可进入FAT AP Web管理页面，如图6-8所示。

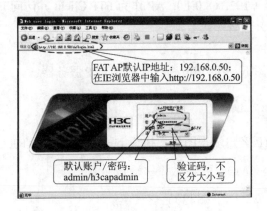

图 6-8 步骤 3

三、通过命令行进行软件升级

1. 使用 TFTP 协议进行软件升级

AP 作为 TFTP Client，PC 作为 TFTP Server（192.168.0.1），用户通过在 AP 上执行相应命令，可将 AP 的配置文件、应用程序或 Web 配置文件上传到 PC 上，或从 PC 下载配置文件、应用程序或 Web 配置文件到 AP 中。

（1）备份配置文件

在命令行的用户视图下，执行tftp put 命令，把 AP 上的 startup.cfg 文件备份到 TFTP 服务器上，并保存为 startup.bak：

```
<H3C>tftp 192.168.0.1 put startup.cfg  startup.bak
```

（2）升级应用程序文件

在命令行的用户视图下，执行tftp get 命令，从 TFTP 服务器上下载应用程序文件

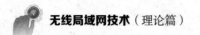

wa4300_fat.bin 到 AP 上并保存为名为 wa4300_fat.bin（AP 系统文件文件名）的文件：

```
<H3C>tftp 192.168.0.1 get  wa4300_fat.bin wa4300_fat.bin
```

下载成功后，重启 FAT AP，重启后可以使用 display version 命令查看 FAT AP 的版本，确认已经升级成功。

（3）恢复备份的配置文件

在命令行的用户视图下，执行 tftp get 命令，从服务器上把 startup.bak 文件下载到 AP 上并另存为名为 startup.cfg 的文件：

```
<H3C>tftp 192.168.0.1 get  startup.bak  startup.cfg
```

如果 AP 上已经有一个同名文件系统，会提示是否覆盖，选择<Y/N>确认。

2. 使用 FTP 协议进行软件升级

PC 作为 FTP Server（192.168.0.1），AP 作为 FTP Client 并访问 FTP Server 的指定路径，完成应用程序的备份及升级等操作。

（1）备份系统文件

在命令行的用户视图下，执行 ftp 命令连接到 FTP 服务器：

```
<H3C>ftp 192.168.0.1
```

连接成功后，在 FTP 客户端视图下，执行 put 命令将 AP 上的文件 wa4300_fat.bin 备份到 FTP Server 上：

```
[ftp]put wa4300_fat.bin wa4300_fat.bin
```

（2）升级应用程序文件

在 FTP 客户端视图下，执行 get 命令从 FTP 服务器下载文件 wa4300_fat.bin 到 AP 上并保存为名为 wa4300_fat.bin（AP 系统文件的文件名），实现对应用程序文件的升级：

```
[ftp] get wa4300_fat.bin wa4300_fat.bin
```

如果 AP 上已经有一个同名文件系统，会提示是否覆盖，选择 Y 确认。

重启 FAT AP，重启后可以使用 display version 命令查看 FAT AP 的版本，确认已经升级成功。

任务二　　组建以 FAT AP 为核心的无线局域网

一、FAT AP 组网拓扑

组建以 FAT AP 为核心的无线局域网，有两种组网拓扑：单 ESS 和多 ESS。

1. 单 ESS（BSS）组网

一台 AP 所覆盖的范围被称为基本服务集 BSS，每个 BSS 由 BSSID 来标识。一个简单 WLAN 网络可由一个 BSS 建立，所有在同一个 BSS 内的授权客户端均可以互相通信。为了便于管理，设置易记忆、易识别的 ESSID 扩展服务集标识符，从而形成了单 ESS 组网模式，如图 6-9 所示。

2. 多 ESS 组网

FAT AP 可同时提供多个逻辑 ESS。在同一逻辑 ESS 下的所有客户端组成一个扩展服务集 ESS。

配置 FAT AP 不同 ESS 域（不同 SSID 标识符），客户端需要加入 FAT AP 时，可选择其中一个可用的 ESS，如图 6-10 所示。

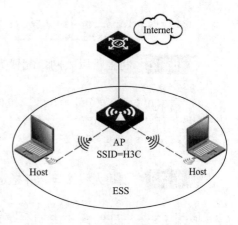

图 6-9　单一 ESS（BSS）组网

二、FAT AP 的典型应用与配置

如图 6-11 所示，FAT AP 上配置两个 VLAN：vlan 1000 和 vlan 256。Vlan 1000 为管理 vlan；vlan 256 为业务 vlan，所有的无线客户端都属于 vlan 256。FAT AP 的管理 IP 地址为 10.10.1.50/24，网关为 10.10.1.254。服务集标识 SSID 为 H3C-wireless，无认证无加密。

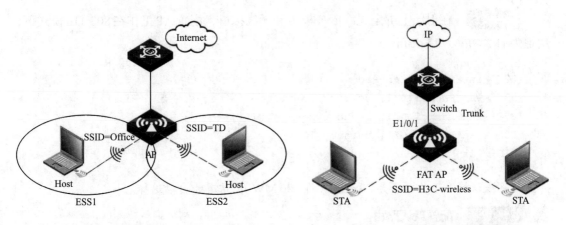

图 6-10　多 ESS（BSS）组网　　　　　图 6-11　典型的 FAT AP 组网

FAT AP 配置步骤如下：

步骤1 创建业务 vlan（vlan 256）和管理 vlan（vlan 1000），并配置管理 IP 地址。

```
[H3C] vlan 256
[H3C-vlan256]quit
[H3C] vlan 1000
[H3C-vlan1000] quit
[H3C]interface  vlan 1000
[H3C-vlan-interface1000]ip address 10.10.1.50  255.255.255.0
```

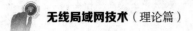

```
[H3C-vlan-interface1000]quit
```

步骤2 将上行以太网口配置为Trunk口类型。

```
[H3C] interface Ethernet 1/0/1
[H3C- Ethernet 1/0/1] port link-type trunk
[H3C- Ethernet 1/0/1] port trunk permit vlan all
```

步骤3 创建无线接口，并指定属于vlan 256。

```
[H3C] interface wlan-bss 1
[H3C-wlan-bss1] port access vlan 256
```

步骤4 创建无线服务模板（SSID名称为H3C-wireless）。

```
[H3C] wlan service-template 1 clear                     //创建服务模板1，并且不需认证
[H3C-wlan-st-1] authentication-method open-system //无须认证
[H3C-wlan-st-1] ssid H3C-wireless                       //SSID名称为H3C-wireless
[H3C-wlan-st-1] service-template enable                 //使能无线服务模板
```

步骤5 在射频上绑定无线服务模板和无线接口，配置AP工作在802.11g模式下，信道为11、功率为15 dBm。

```
[H3C] interface wlan-Radio 1/0/1
[H3C-wlan-Radio1/0/1] service-template 1 interface wlan-bss1
[H3C-wlan-Radio1/0/1] radio-type dot11g
[H3C-wlan-Radio1/0/1] channel 11
[H3C-wlan-Radio1/0/1] max-power 15
```

注：默认情况下，功率为20 dBm（即100 MW）；信道为自动选择。

步骤6 配置默认路由。

```
[H3C] ip route-static  0.0.0.0  0.0.0.0  10.10.1.254
```

三、配置 FAT AP 无线桥接功能

1. 无线桥接功能

无线桥接是FAT AP的一个特殊功能，通过此功能可以实现AP与AP之间的无线通信，但并不能与无线终端实现互通，因此不能利用FAT AP的无线桥接功能来完成无线信号覆盖，无线覆盖要通过FAT AP所支持802.11a/b/g功能来实现，如图6-12所示。

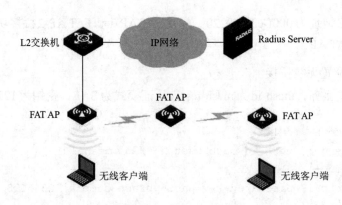

图 6-12 FAT AP 无线桥接

由于 802.11 协议对无线桥接功能的具体实现没作规定，这为各厂商无线桥接功能的实现带来了灵活的余地，但各厂商产品之间的互通基本没有可能性。

2．无线桥接功能典型应用与配置

如图 6-13 所示，利用 FAT AP 无线桥接功能实现企业分支机构和总部互连的组网应用。利用无线桥接功能可实现 FAT AP 间一对一或一对多的无线连接，但实现一对多的无线连接时，为了保证各链路的有效带宽，连接的 AP 数量不宜太多。

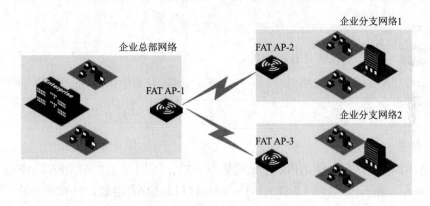

图 6-13 FAT AP 无线桥接功能典型应用

3．无线桥接功能的配置

在配置无线桥接功能时，通常采用 Peer Mac 方式。建立桥接的两个设备在配置上要注意以下几个关键点：

- 配置相同的工作信道。
- 配置相同的 mesh-id。
- 配置相同的加密密钥。
- 配置对端设备的 MAC 地址（即 Peer Mac）。

如图 6-14 所示，该组网图中 FAT AP-1 管理地址 192.168.1.51，FAT AP-2 管理地址 192.168.1.52，假设 FAT AP-1 Radio 接口的 MAC 地址为 000f-e2c0-0110，假设 FAT AP-2

Radio接口的MAC地址为000f-e2c0-0220。配置FAT AP-1和FAT AP-2桥接功能步骤如下：

（1）配置FAT AP-1

步骤1 配置无线桥接。

创建无线桥接服务，mesh-id为mesh-test，认证模式为SAE，密钥为12345678。

```
[H3C] wlan mesh-profile 1
[H3C-wlan-mshp-1] mesh-id mesh-test    //配置mesh-id
[H3C-wlan-mshp-1] akm mode sae
[H3C-wlan-mshp-1] preshared-key pass-phrase simple 12345678 //配置加密密钥
[H3C-wlan-mshp-1] mesh-profile enable
```

步骤2 在5G射频卡上通过802.11ac协议建立桥接服务。

在AP的802.11ac射频卡上应用无线桥接服务mesh-profile 1，配置AP工作信道为149信道，并配置peer-mac为对端设备（FAT AP-2）radio接口的MAC地址。

```
[H3C] interface wlan-radio1/0/1
[H3C-WLAN -Radio1/0/1] channel 149   //配置工作信道
[H3C-WLAN-Radio1/0/1] mesh-profile 1
[H3C-WLAN-Radio1/0/1] mesh peer-mac -address 000f-e2c0-0220   //配置对端设备的
                                                               MAC地址
```

步骤3 配置FAT AP-1管理地址。

```
[H3C] interface vlan-interface 1
[H3C-Vlan-interface1] ip address 192.168.1.51 24
```

（2）配置FAT AP-2

FAT AP-2的配置与FAT AP-1的配置基本一样，区别在于本端（FAT AP-2）配置的mesh peer-mac-address是对端（FAT AP-1）radio接口的MAC地址，且管理地址不同。其他配置都是一样的，且必须一样。

Switch　　　　FAT AP1　　　　　FAT AP2　　　　PC

图6-14　FAT AP 无线桥接功能

项 目 小 结

本项目主要介绍FAT AP设备基本配置，组建以FAT AP中心的典型无线网络，配置

FAT AP 无线桥接功能等内容。

项 目 测 试

1.（多选题）H3C 无线桥接功能通常采用 Peer MAC 的配置方式。在具体配置时，除了在本端设备上配置对端设备的 MAC 地址外，还需要在建立桥接关系的两个设备上（　　　）。

A. 配置相同的工作信道

B. 配置相同的 mesh-id

C. 配置相同的加密密钥

D. 配置相同的无线接入服务 SSID

2.（单选题）为减少周围环境的影响，保证无线桥接设备的稳定，通常采用（　　　）频段来稳定桥接应用；同时两个桥接设备的工作信道是（　　　）。

A. 2.4 GHz，可以不同　　　　　　　B. 2.4 GHz，必须相同

C. 5.8 GHz，可以不同　　　　　　　D. 5.8 GHz，必须相同

3.（单选题）在 FAT Ap 的配置中，如果包含 wlan service-template 1 clear 的命令，说明无线服务可能（　　　）。

A. 启用 WEP 加密　　　　　　　　　B. 启用 PSK 认证加密

C. 启用 WPA 认证加密　　　　　　　D. 无认证无加密

4.（单选题）H3C 通过远程 Telnet 到 FAT 的默认用户名、密码是（　　　）。

A. H3C、H3C　　　　　　　　　　　B. admin、admin

C. admin、H3C　　　　　　　　　　D. admin、h3capadmin

5.（单选题）H3C FAT AP 将信道配置为 6 的正确操作步骤是（　　　）。

A. [H3C] interface wlan-Radio 1/0/1

　　 [H3C-wlan-Radio1/0/1] channel 6

B. [H3C] wlan-Radio 1/0/1

　　 [H3C-wlan-Radio1/0/1] channel 6

C. [H3C] wlan ap ap1 radio 1 channel 6

D. [H3C] wlan ap ap1 radio 1

　　 [H3C-wlan-ap-ap1-radio-1] channel 6

6.（多选题）以下是 FAT AP 的不足之处的是（　　　）。

A. 每台 FAT AP 都只支持单独进行配置，组建大型网络对于 AP 的配置工作量巨大

B. FAT AP 的配置都保存在 AP 上，AP 设备的丢失可造成系统配置的泄露

C. FAT AP 的软件都保存在 AP 上，软件升级时需要逐台升级，维护工作量大

D. 无须无线控制器，可以独立工作

7.（多选题）H3C Ap 建立无线桥接应用时，通过 [H3C-hidecmd]display wlan mesh neighbors all 查看当前设备的所有邻居信息：

```
[H3C-hidecmd]dis wlan mesh neighbors all
                    Mesh Neighbor Parameters
--------------------------------------------------
Neighbor MINDEX        :1290
BSS ID                 :000f-e2e8-2120
Peer Mac Addr          :000f-e274-c060
Mesh ID                :h3c_meshID
Neighbor state         :Connected peer
Mean RSSI              :45
Zero Config State      :No
--------------------------------------------------
Link FSM State         :Established
Peer's LinkId          :0002
Interface Index        :00CC0000
```

根据以上输出，可知下列哪些描述是正确的？（   ）

    A. 从对端设备信号强度判断，双方无法建立稳定的桥接链路

    B. 对端设备的 MAC 地址为 000f-e274-c060

    C. 对端设备的 mesh ID 为 h3c_meshID，如要建立桥接链路，本端设备必须创建相同的 mesh ID

    D. 本端设备的 MAC 地址为 000f-e2e8-2120

8.（判断题）利用无线桥接功能可实现 FAT AP 间一对一或一对多的无线连接，但实现一对多的无线连接时，为保证各链路的有效带宽，连接的 AP 数量不宜太多。以上说法是（   ）的。

    A. 正确   B.错误

9.（单选题）对 H3C AP 进行 FAT 转 FIT 模式切换时，可通过命令（   ）来实现。

    A. [H3C]ap-mode fit   B.[H3C]ap-model fit

    C. <H3C>ap-mode fit   D.<H3C>ap-model fit

10.（判断题）点对点无线网桥可用来连接两个分别位于不同地点的网络，无线主干连接中，Root AP 和 Leaf AP 应设置成不同的信道。以上说法是（   ）的。

    A. 正确   B.错误

项目七

实施 FIT AP+AC 无线局域网

项目场景

随着教育信息化技术的发展，各种智能教学平台的发展也正在改变学习方式和教学模式，"随时、随地、方便获取信息"成为无线校园最主要的建设需求。作为有线校园网络的延伸，无线校园网已成为智慧校园建设的重要组成部分。

无线校园网的建设，突破有线网络节点诸多"网络盲点"和限制，解决校园诸多不宜布线区域的无线信号覆盖，提升了教育信息化水平。

由于校园无线终端用户数量较大，无线校园网建设主要采用无线控制器Fit AP+AC的组网模式。

知识目标

- 了解FIT AP+AC组网方案。
- 了解CAPWA隧道协议。
- 了解FIT AP和AC互连模式。
- 了解FIT AP+AC连接技术。
- 了解FIT AP+AC冗余技术。
- 掌握FIT AP+AC数据转发方式。
- 掌握FIT AP+AC无线数据传输过程。
- 掌握FIT AP关联AC过程。

技能目标

- 掌握FIT AP+AC二层网络组网配置。
- 掌握FIT AP+AC跨越三层网络组网配置。

任务一　　了解 FIT AP+ AC 模式的组网技术

一、FIT AP+AC 模式的组网方案

传统WLAN组网方案主要采用以FAT AP为中心的组网模式，即FAT AP设备承担全网的无线认证、无线网络管理、漫游切换、射频信号管理等诸多功能，部署WALN需要对每台FAT AP进行大量复杂配置，才能实现无线信号覆盖功能。由于受网络规模的影响，传统WLAN组网方案无法适应。

随着WALN技术的不断发展，出现了FIT AP+AC模式的组网方案，如图7-1所示。该组网方案以无线控制器AC为中心，使用FIT AP设备进行无线信号覆盖，通过AC设备进行无线管理和控制，实现无线集中化管理。

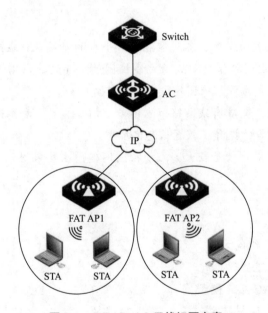

图 7-1　FIT AP+AC 无线组网方案

所有FIT AP零配置安装，仅负责无线射频信号的发送和接收，承担802.11数据报文的加密、802.11的PHY功能，接受无线控制器AC的管理、射频信号管理等。所有FIT AP接收WLAN中无线智能终端设备发射的射频信号，通过隧道协议CAPWAP封装，穿过有线IP网络传输到无线控制器AC，由AC对接收到的射频信号进行验证和安全控制。

无线控制器AC作为WLAN核心设备，负责无线网络的管理和控制，原先FAT AP设备所承担的无线管理业务由无线控制器AC负责，即FAT AP=无线控制器AC+FIT AP，如图7-2所示。

在FIT AP+AC组网方案中，支持多AP环境部署场景，统一管理WLAN网络，所有FIT AP零配置安装，减少单台AP设备配置工作量，提高网络部署效率，便于设备软件版本升级。

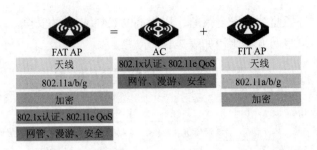

图 7-2 FAT AP= 无线控制器 AC+FIT AP 示意图

二、无线控制器 AC 工作过程

在 FIT AP+AC 组网方案中，所有 FIT AP 设备零配置启动，启动时自动从无线控制器 AC 上下载设备配置信息。

- FIT AP 通过 DHCP 服务器自动获取 AP 的 IP 地址。
- FIT AP 全网中自动发现可接入的无线控制器 AC，请求加入 AC。
- FIT AP 从无线控制器 AC 下载无线配置信息，实现 WLAN 配置信息自动更新，同时 AC 还负责 FIT AP 设备系统软件自动更新。

任务二 组建 FIT AP+ 无线控制器 AC 的无线局域网

一、FAT AP 组网的局限性

传统 FAT AP 组网方式：FAT AP+有线交换机，主要适用于小型无线网络或家庭无线网络的环境部署。随着网络规模的增长，发现 FAT AP 模式组建的 WLAN 网络有以下局限性：

1. 无线漫游

FAT AP 组网无法实现无线漫游。用户从一个 FAT AP 的覆盖区域走到另一个 FAT AP 的覆盖区域，会重新连接信号强的一个 FAT AP，重新进行认证，重新获取 IP 地址，存在断网现象。

2. 自动负载均衡

当很多用户连接在同一个 FAT AP 上时，FAT AP 无法自动进行负载均衡，无法将用户分配到其他负载较轻的 FAT AP 上，因此 FAT AP 会因为负荷较大频繁出现网络故障。

3. 管理和维护

FAT AP 不可集中管理，需要一个一个地单独进行配置，配置工作烦琐。

二、FIT AP 的组网优点

FIT AP+AC 组网方式适用于大规模无线网络建设需求，无线控制器 AC 作为 WLAN 网络中所有元素的集中控制管理中心。无线控制器 AC 与 AP 之间可以跨越二层网络或三层网络，实现有线网络与多台 FIT AP 互连。用户在二层架构、三层架构的网络中实现无缝漫游。AC可配置射频环境监控、安全策略，以提高WLAN接入的安全。

FAT AP和FIT AP组网方案比较如表7-1所示。

表7-1　FAT AP和FIT AP组网方案比较

比 较 项 目	FAT AP 方案	FIT AP 方案
技术模式	传统主流	新生方式，增强管理
安全性	传统加密、认证方式，普通安全性	增加射频环境监控，基于用户位置安全策略，高安全性
网络管理	对每AP下发配置文件	无线控制器上配置好文件，AP本身零配置，维护简单
用户管理	类似有线，根据AP接入的有线端口区分权限	无线专门虚拟专用方式，根据用户名区分权限，使用灵活
WLAN组网规模	L2漫游，适用小规模组网	L2、L3漫游，拓扑无关性，适合大规模组网
增值业务能力	实现简单数据接入	可扩展语音等丰富业务

三、FIT AP 组网通信原理

1. CAPWAP 协议简介

FIT AP和AC之间的通信需要借助CAPWA协议来完成。CAPWA（Control And Provisioning of Wireless Access Points）协议，即无线接入点控制与配置协议，用于AC对AP集中管理和数据通信服务，运行在UDP协议之上，分为控制通道和数据通道，如图7-3和图7-4所示。

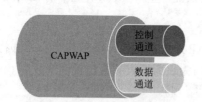

图7-3　CAPWAP 隧道的构成

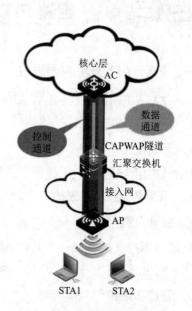

图7-4　CAPWAP 隧道通信过程

（1）控制通道

控制通道用于配置和收集设备状态信息，其协议报文格式由标准定义部分和厂商自定义部分组成。由于该报文格式存在厂商自定义部分，所以不同厂商的AC和AP之间不兼容。

（2）数据通道

数据通道用于承载设备间的数据业务流量，其协议报文格式由CAPWAP报头加上承载的数据业务组成。

CAPWAP协议支持两种数据转发类型：数据报文本地转发与集中转发（隧道转发）。

2. CAPWAP 隧道传输机制

如图7-5所示，FIT AP与AC之间通信是通过CAPWAP隧道协议封装信息，封装完成的信息在AP和AC设备之间传输，途经有线网络设备参与转发，整个过程需要经过封装、传输、解封装等过程的处理。Payload表示有效载荷，即管理报文内容。

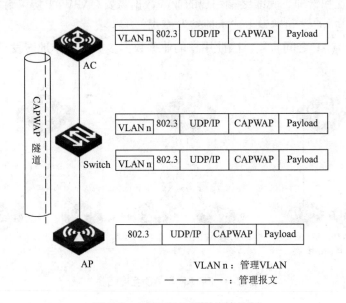

图7-5　CAPWAP 隧道传输机制

（1）封装

① FIT AP或AC设备在发送Payload数据前，需要把数据封装在CAPWAP隧道中。

② 将CAPWAP隧道封装完成的Payload数据，再增加UDP、IP字段封装，分别完成数据在有线网络中传输层和网络层数据封装。

③ 使用以太网协议将数据封装成802.3数据帧，通过以太网传输给AC设备或FIT AP设备。

（2）传输

由于FIT AP归属不同的VLAN中，AC设备把管理报文发送给指定VLAN的FIT AP，还需要在完成封装的管理报文上封装VLAN信息。

FIT AP和AC之间的网络中，管理报文会一直有VLAN标识，以保证该报文能够在它们之间传输。

（3）解封装

FIT AP默认情况下只能处理不带管理VLAN信息的报文，所以AC将管理报文经过有线网络转发给FIT AP，需要去掉管理VLAN标识。FIT AP收到管理报文后，拆除CAPWAP

隧道封装，识别管理报文中携带内容Payload（有效载荷）。

四、FIT AP和AC互连模式

部署FIT AP+AC组网方案，FIT AP和AC之间的互连模式通常有3种拓扑，分别是直连模式、二层模式、三层模式，如图7-6所示。

1．直连模式

直连模式是指FIT AP与无线控制器AC直连，两者中间不经过其他网络节点。这种模式结构简单，但也需要在两者之间建立CAPWAP通信隧道，通过CAPWAP隧道对FIT AP设备实现集中配置和管理。无线终端用户的业务数据需要CAPWAP协议封装，采用隧道转发模式（FIT AP与AC之间转发）或本地转发模式。

由于FIT AP与AC之间直连，因此用户的业务数据多数采用本地转发模式。

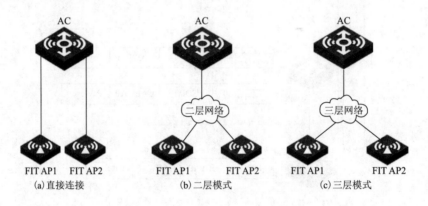

图7-6　FIT AP与AC互连拓扑

2．二层模式

二层模式是指FIT AP与无线控制器AC通过二层网络连接，即FIT AP和无线控制器AC属于同一个二层广播域，使用二层交换技术实现FIT AP和AC之间的通信，数据传输上多数采用本地转发模式。

在本地转发模式下，FIT AP设备的管理信息封装在CAPWAP隧道中，通过二层交换网络传输到AC设备，实现FIT AP和AC之间的通信。无线用户业务数据流不需要CAPWAP协议封装，直接由FIT AP设备在本地完成转发。

3．三层模式

三层模式是指FIT AP与无线控制器AC通过三层网络连接，即FIT AP和无线控制器AC属于不同的IP子网段，需要借助三层路由技术实现FIT AP和AC之间的通信。该模式适用于大型的无线园区网络组网。

五、三层架构FIT AP+AC连接技术

实施大型无线园区网络覆盖时，FIT AP+AC的组网方案成为主流模式，在现有有线网络的基础上直接叠加和扩展，部署快捷方便。

根据无线控制器AC安装的位置，FIT AP连接AC的组网方式可分为直连式组网和旁挂式组网。

1. 三层架构 FIT AP+AC 直连式组网

三层架构FIT AP+AC直连式组网是将FIT AP和AC都与原来的有线网络串联在一起，无线AC同时具备AC和汇聚交换机的功能，因此无线网络中的管理信息、用户终端STA的业务数据都必须通过AC设备转发，称为集中转发模式，如图7-7所示。

三层架构FIT AP+AC直连式组网优点是结构清晰，实施简单；缺点是整个WLAN数据信息都依赖AC设备，对AC设备的吞吐量及数据处理能力要求较高，易出现无线网络带宽瓶颈。

2. 三层架构 FIT AP+AC 旁挂式组网

三层架构FIT AP+AC旁挂式组网是指无线控制器AC旁挂在现有的有线网络中，如图7-8所示。

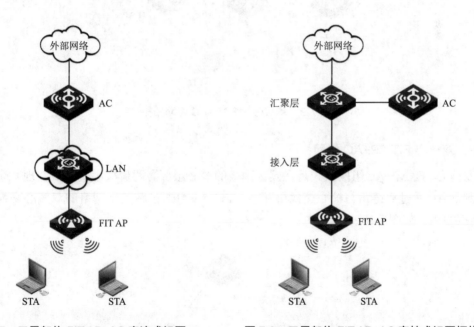

图 7-7　三层架构 FIT AP+AC 直连式组网　　图 7-8　三层架构 FIT AP+AC 旁挂式组网拓扑

在三层架构FIT AP+AC旁挂式组网场景中，由于AC旁挂在FIT AP上行的直连网络上，用户终端STA的业务数据可以通过CAPWAP隧道传输给AC处理，也可以不经过AC而直接通过有线网络传输，AC只对FIT AP设备的管理信息进行处理，实现AC对FIT AP集中式管理。

六、三层架构 FIT AP+AC 冗余技术

实施大型无线园区网络覆盖时，FIT AP和AC设备之间互连需要跨三层设备，通过三层路由技术实现互通。根据FIT AP和AC设备之间的三层组网是否需要增加冗余连接，可将三层架构FIT AP+AC冗余分为单核心的FIT AP组网和双核心的FIT AP组网。

1. 单核心 FIT AP+AC 组网

单核心的 FIT AP 组网模式是无线控制器 AC 和网络核心设备连接，增加 AC 和网络核心设备间的冗余链路，FIT AP 通过跨三层的单核心网络与 AC 连接通信，如图 7-9 所示。

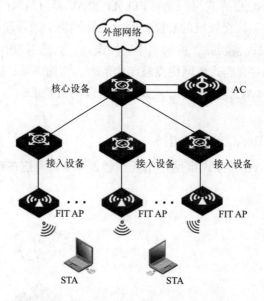

图 7-9 单核心 FIT AP+AC 组网拓扑

2. 双核心 FIT AP+AC 组网

双核心 FIT AP+AC 组网模式是在园区网络的核心层部署两台核心交换机实现冗余，无线控制器 AC 通过双链路与核心交换机互连，FIT AP 可通过跨三层网络的双核心交换机与 AC 连接通信，如图 7-10 所示。

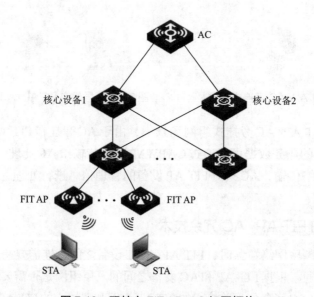

图 7-10 双核心 FIT AP+AC 组网拓扑

七、FIT AP+AC 数据转发方式

在FIT AP+AC的无线组网模式中，无线工作站STA用户数据经过FIT AP转发，转发方式分为集中转发和本地转发两种类型。

1. 集中转发

集中转发也称隧道转发，是指无线工作站STA上的用户数据报文和FIT AP上的控制报文都由FIT AP封装，通过CAPWAP隧道发送到AC上集中处理，再由AC转发出去。

在该转发模式下，由FIT AP封装完成的所有信息，通过CAPWAP隧道协议加密封装，穿越三层有线网络，集中发送给AC，由AC统一处理后转发AP设备或传输至上层网络中。

在集中转发模式下，针对无线工作站STA用户的所有报文需要经过AC转发，如图7-11所示。

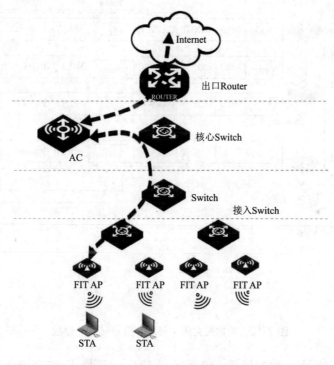

图 7-11　集中转发（隧道转发）

上行报文：AP接收到用户的数据报文之后，通过CAPWAP隧道传输到AC，再由AC进行转发。

下行报文：Internet下行给用户的数据报文先发到AC，由AC将报文通过CAPWAP隧道发送到相应的AP，再通过无线发送给用户。

用户数据报文在集中转发（隧道转发）模式下，数据处理转发的过程如图7-12所示。

（1）封装

① 无线用户STA发送的数据载荷（Payload），通过802.11协议封装完成后发送给FIT AP设备。

② FIT AP收到数据报文后，使用以太网协议将数据封装成802.3数据帧，同时封装业务VLAN信息。

③ 在集中转发（隧道转发）方式下，所有用户数据报文都必须转发给AC设备处理，因此，FIT AP还需使用隧道协议CAPWAP对802.3数据帧进行封装。

④ 由于用户数据报文通过三层有线网络传输，因此FIT AP需要对隧道协议封装完成的用户数据报文进行UDP和IP封装。

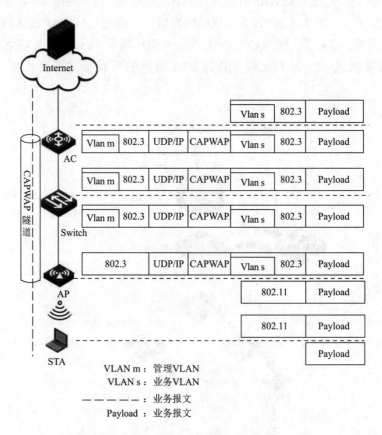

图 7-12　数据报文集中转发（隧道转发）过程

⑤ 封装完成后的用户数据报文（IP报文），FIT AP还使用802.3协议封装为以太网帧，同时封装管理VLAN信息，通过三层交换网络转发给AC设备。

（2）传输

封装完成的数据帧通过FIT AP和AC之间的有线网络传输到AC设备，由AC集中处理。

（3）报文解析

① AC将用户数据报文经过有线网络传输到FIT AP后，FIT AP将外层管理VLAN信息剥离。

② 解除CAPWAP封装，同时将用户业务VLAN信息剥离。

③ 将802.3数据帧转换为802.11报文，通过无线方式传送给用户STA。

④ 无线用户STA收到数据报文后，解除802.11字段封装，剩余字段为数据载荷

（Payload），即是业务数据报文内容。

2．本地转发

本地转发是指无线工作站 STA 上发送的数据报文不需要经过 AC 转发，直接在 FIT AP 侧进行本地转发，但 FIT AP 上的管理控制信息仍通过 ACPWAP 隧道协议封装，经三层有线网络传输到 AC 设备上集中处理。

在本地转发模式下，用户的数据报文和 FIT AP 上的管理控制信息传输路径如图 7-13 所示。

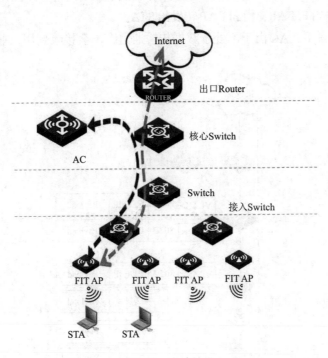

图 7-13　本地转发

用户的数据报文传输路径表现如下：

上行报文：AP 接收到用户的数据报文之后，直接在本地转发到用户的网关，而不通过 CAPWAP 隧道送到 AC。

下行报文：Internet 下行给用户的数据报文先发到用户的网关（交换机等），然后由网关转发给相应 AP，最后由 AP 通过无线通道传送给用户。

在本地转发模式下，WLAN 网络用户 STA 发出的数据，需要映射到相应的管理 VLAN，使用 802.1Q 协议封装，通过 FIT AP 上的联口（Trunk）发送出去。所有管理报文通过 CAPWAP 隧道转发到 AC 设备，由 AC 集中处理。用户数据报文在本地转发模式下，数据处理转发的过程如图 7-14 所示。

（1）封装

网络用户 STA 发送的数据载荷（Payload）首先通过无线网卡完成 802.11 封装。FIT AP 收到 STA 发送来 802.11 帧后，使用 802.3 协议封装成为有线网络的以太网帧，并封装业务 VLAN 信息。

为了实现数据通过三层网络传输，需要增加UDP、IP字段封装。

在本地转发模式下，用户的业务数据报文不需要进行CAPWAP隧道封装。

（2）传输

在本地转发模式下，有线网络要允许携带用户VLAN的无线报文通过，以保证数据报文能在Internet和STA间正常传输。

在本地转发模式下，AC设备收到Internet发送来的Payload数据，此时AC设备类似交换机功能，不需要进行CAPWAP封装，直接转发业务报文给下一台网络设备，经过有线网络中的交换机传输给FIT AP，由FIT AP转发给STA。

在AC旁挂场景下，AC由于不处于数据传输通道，不会接收到用户业务数据报文。

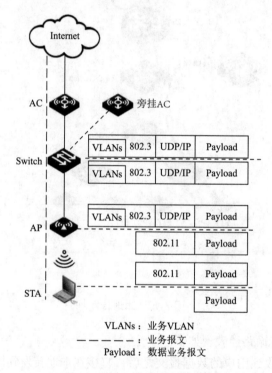

图7-14　数据报文的本地转发过程

（3）剥离业务VLAN

用户业务数据传输到FIT AP后，FIT AP先将业务VLAN信息剥离，然后将802.3帧转换为802.11帧，通过无线方式将数据报文传输给STA。

（4）解析业务报文

无线STA收到报文后，剥离802.11帧封装字段，解析出Payload字段中具体内容。

八、FIT AP+AC无线数据传输过程

首先，FIT AP需要与AC之间建立CAPWAP隧道，实现FIT AP与AC设备之间的路由可达；然后AC设备通过CAPWAP隧道将WLAN配置信息下发给FIT AP设备；最后启动数据信息的传输过程。

1. FIT AP 获取 IP 地址

FIT AP设备在通信前，必须先获取自身IP地址。FIT AP从网络中的DHCP服务器上获取地址信息，包括自身IP地址、网关IP地址等。

FIT AP获取IP地址信息后，会通过广播方式发起FIT AP到AC的发现请求。FIT AP从DHCP服务器获得AC设备IP地址后，就会通过CAPWAP隧道方式向AC发出请求，请求下载FIT AP的配置信息（Raido的信道、功率、SSID等），如图7-15所示。

2. 数据发送

FIT AP广播无线射频信号，无线网络工作站STA通过射频信号接入到FIT AP。FIT AP接受无线工作站STA发出的802.11无线数据帧，使用CAPWAP隧道协议封装完成后，再通过有线网络发送给AC设备，由AC设备集中处理。

AC设备收到数据后，首先执行解封装处理（去掉CAPWAP封装头部），将802.11帧转换为802.3帧，将无线网络中的数据转换为有线网络数据进行传输。

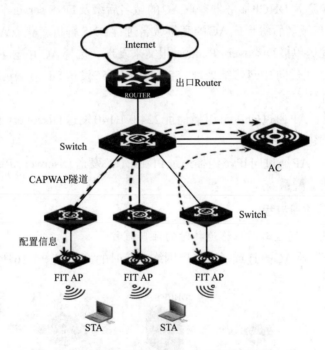

图 7-15　FIT AP 通过隧道从 AC 获取配置信息

3. 数据接收

来自Internet的数据传输到有线网络的核心交换机后，再由核心交换机转发给AC设备，由AC设备将数据转换为WLAN网络中无线终端可以识别的802.11帧，同时使用CAPWAP协议封装，将802.11无线帧转换为802.3以太网帧，再通过三层有线网络转发给相应FIT AP。

由FIT AP设备将数据解封装，还原为802.11无线数据帧，由FIT AP转发给无线覆盖的工作站STA。

九、FIT AP 关联 AC 过程

FIT AP零配置启动需要从无线控制器AC上下载配置和软件，因此，所有FIT AP启动必须通过注册流程，跨二层或三层网络找到无线控制器AC的位置，实现和AC设备的通信。

1. FIP AP 获取 AC 地址的方式

AP零配置启动后，AP会自动创建VLAN-interface 1，并在该接口上默认开启DHCP客户端、DHCPv6客户端和DNS客户端功能，完成上述操作后，AP将使用获取的AC地址发现AC并建立CAPWAP隧道。AP获取AC地址的方式如下：

① 静态配置：通过预配置为AP手工指定AC的IP地址。

② DHCP选项：通过DHCP服务器返回的Option 138或Option 43选项获取AC的IPv4地址，或通过Option 52选项获取AC的IPv6地址，通过三个选项获取AC地址的优先级为Option 138 > Option 43 > Option 52。获取到AC的IP地址后，AP向AC发送单播Discovery Request报文来发现、选择AC并建立CAPWAP隧道。

③ DNS：AP通过DHCP服务器获取AC的域名后缀及DNS server的IP地址，再将从自身获取的主机名与域名后缀形成AC的完整域名进行DNS解析，获取AC地址，AP向获取的所有AC地址发送单播Discovery Request报文来发现、选择AC并建立CAPWAP隧道。

④ 广播：AP通过向IPv4广播地址255.255.255.255发送Discovery Request广播报文来发现、选择AC并建立隧道。

⑤ IPv4组播：AP通过向IPv4组播地址224.0.1.140发送Discovery Request组播报文来发现、选择AC并建立隧道。

⑥ IPv6组播：AP通过向IPv6组播地址FF0E::18C发送Discovery Request组播报文来发现、选择AC并建立隧道。

2. FIT AP 的注册流程

（1）AP 直连或通过二层网络连接时的注册流程

AP与无线控制器AC直连或通过二层网络连接时的流程如图7-16所示。

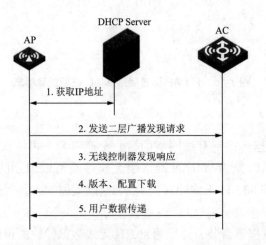

图 7-16　AP 与无线控制器 AC 直连或通过二层网络连接时的注册流程

具体流程如下：

① AP通过DHCP Server获取IP地址。

② AP发出二层广播的发现请求报文，试图联系一个无线控制器。

③ 接收到发现请求报文的无线控制器会检查该AP是否有接入本机的权限，如果有则回应发现响应。

④ AP从无线控制器下载最新软件版本和配置。

⑤ AP开始正常工作和无线控制器AC交换用户数据报文。

可见，FIT AP与无线控制器AC直连或通过二层网络连接时，需要DHCP Server才能完成FIT AP在无线控制器AC上的注册。FIT AP上电启动后的第一步就是通过DHCP动态获取IP地址，当成功获取IP地址后，FIT AP才会通过二层广播方式发送发现请求报文以寻找无线控制器AC。

无线控制器AC在收到FIT AP的发现请求报文后会检查FIT AP的接入权限，如果FIT AP有接入权限则发送响应报文，FIT AP与无线控制器AC之间就实现了数据的交互。

（2）AP通过三层网络连接时的注册流程——DHCP选项方式

AP与无线控制器AC通过三层网络连接，采用Option方式注册流程如图7-17所示。

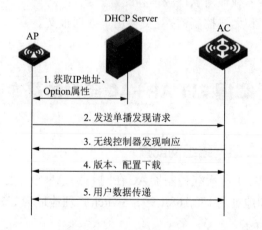

图7-17 AP通过三层网络连接时DHCP选项注册方式

具体流程如下：

① AP通过DHCP Server获取IP地址、Option属性（如Option 43或Option 138，此属性携带无线控制器AC的IP地址信息）。

② AP从Option属性中获取无线控制器AC的IP地址，然后向无线控制器AC发送单播发现请求。

③ 接收到发现请求报文的无线控制器AC会检查该AP是否有接入本机的权限，如果有则回应发现响应。

④ AP从无线控制器下载最新软件版本和配置。

⑤ AP开始正常工作和无线控制器AC交换用户数据报文。

可见，FIT AP通过Option方式与无线控制器AC之间通过三层网络注册时，关键需要

DHCP Server支持Option字段，在向FIT AP下发地址的DHCP_Offer报文中携带Option字段，利用Option字段向FIT AP下发无线控制器AC的IP地址信息。

（3）AP通过三层网络连接时的注册流程——DNS方式

AP与无线控制器AC通过三层网络连接，采用DNS方式注册的具体流程如下：

① AP通过DHCP Server获取IP地址、DNS Server地址、域名。

② AP发出二层广播的发现请求报文，试图联系无线控制器AC（由于AP与无线控制器AC通过三层网络连接，所以无线控制器AC无法收到AP的二层广播请求）。

③ AP在多次尝试二层发现请求无回应的情况下，AP向DNS Server发送DNS解析请求。

④ DNS Server在收到AP的解析请求后，回复DNS解析响应，将域名解析为IP地址信息（该IP地址即为无线控制器AC的IP地址）。

⑤ AP通过DNS解析获取无线控制器AC的IP地址后，向无线控制器AC发送单播发现请求。

⑥ 接收到发现请求报文的无线控制器AC会检查该AP是否有接入本机的权限，如果有则回应发现响应。

⑦ AP从无线控制器下载最新软件版本和配置。

⑧ AP开始正常工作和无线控制器AC交换用户数据报文。

任务三　掌握 FIT AP+AC 组网的基本配置

一、FIT AP+AC 二层网络组网配置

如图7-18所示，FIT AP和无线控制器AC在同一VLAN中，它们之间通过二层网络连接。无线控制器AC管理地址为192.168.1.99，Switch管理地址为192.168.1.254。

1. 配置交换机 Switch

配置交换机Switch的VLAN 1 IP地址为192.168.1.254/24。

```
[Switch] interface vlan-interface 1
[Switch-Vlan-interface1]ip address 192.168.1.254 255.255.255.0
```

2. 配置无线控制器 AC

① 配置AC接口地址。配置AC的VLAN 1 IP地址为192.168.1.99/24。

```
[AC] interface vlan-interface 1
[AC-Vlan-interface1]ip address 192.168.1.99 255.255.255.0
```

② 在AC上配置DHCP地址池。在AC上使能DHCP功能，创建DHCP地址池为

192.168.1.0/24，为无线AP和客户端分配IP地址。

```
[AC]dhcp enable
[AC]dhcp server ip-pool a
[AC-dhcp-pool-a]network 192.168.1.0 mask 255.255.255.0
[AC-dhcp-pool-a]gateway-list 192.168.1.254
```

③ 在AC上查看IP地址分配情况，从AC上ping FIT AP地址，保证FIT AP与AC之间的连通性。

```
[AC]display DHCP Server ip-in-use all
```

④ 在AC上配置无线服务。

```
[AC]wlan service-template 1    //创建无线服务模板1，并进入无线服务模板视图
[AC-wlan-st-1]ssid H3C
[AC-wlan-st-1]service-template enable   //使能服务模板
```

⑤ 配置AP。

```
[AC]wlan ap officeap model WA5320H
[AC-wlan-ap-officeap]serial-id 21980a0ycc175001667
[AC-wlan-ap-officeap] Radio 1
[AC-wlan-ap-officeap-radio-1] service-template 1
[AC-wlan-ap-officeap-radio-1] radio enable
```

3. 验证配置

① 在AC上查看AP注册信息。在AC上使用命令 display wlan ap all 查看AP，可以看到AP的状态是R/M，表明AP已经成功注册到AC。

```
<AC>display wlan ap all
```

② 在AC上查看无线客户端信息。在AC上使用命令 display wlan client 查看在线客户端，可以看到客户端已经连接到AP的radio 1。

```
<AC>display wlan client
```

二、FIT AP+AC 跨越三层网络组网配置

如图7-19所示，各网段网关都在三层交换机上，AP属于VLAN 400，无线客户端属于VLAN 200，AC管理地址是192.168.10.1。

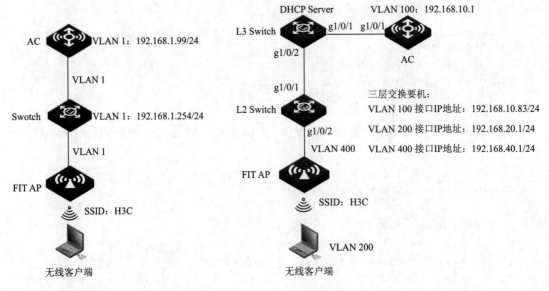

图 7-18　FIT AP+ AC 二层网络组网　　　　图 7-19　FIT AP+ AC 跨越三层网络

1. 配置三层交换机

👆步骤1　配置三层交换机L3 Switch VLAN 接口。

① 创建 VLAN 100 和 VLAN 400，并配置IP 地址，用于转发 AC 和 AP 间的CAPWAP 隧道内的流量。

```
<L3 Switch>system-view
[L3 Switch]vlan 100
[L3 Switch-vlan100]quit
[L3 Switch] interface vlan-interface 100
[L3 Switch-Vlan-interface100]ip address 192.168.10.83 255.255.255.0
[L3 Switch-Vlan-interface100]quit
[L3 Switch]vlan 400
[L3 Switch-vlan400]quit
[L3 Switch]interface vlan-interface 400
[L3 Switch-Vlan-interface400]ip address 192.168.40.1 255.255.255.0
[L3 Switch-Vlan-interface400]quit
```

② 创建 VLAN 200，并配置IP，无线客户端使用该 VLAN 接入无线网络。

```
[L3 Switch]vlan 200
[L3 Switch-vlan200]quit
[L3 Switch] interface vlan-interface 200
[L3 Switch-Vlan-interface200]ip address 192.168.20.1 255.255.255.0
[L3 Switch-Vlan-interface200]quit
```

③ 配置L3 Switch与AC相连接口G1/0/1为Trunk类型，并允许VLAN100和VLAN200通过。

```
[L3 Switch]interface GigabitEthernet 1/0/1
[L3 Switch-GigabitEthernet1/0/1]port link-type trunk
[L3 Switch-GigabitEthernet1/0/1]port trunk permit vlan 100 200
[L3 Switch-GigabitEthernet1/0/1]quit
```

④ 配置L3 Switch与L2 Switch相连接口G1/0/2为Trunk类型，禁止VLAN1报文通过，允许VLAN400通过。

```
[L3 Switch]interface GigabitEthernet 1/0/2
[L3 Switch-GigabitEthernet1/0/2]port link-type trunk
[L3 Switch-GigabitEthernet1/0/2]undo port trunk permit vlan 1
[L3 Switch-GigabitEthernet1/0/2]port trunk permit vlan 400
[L3 Switch-GigabitEthernet1/0/2]quit
```

步骤2 配置 DHCP Server。
① 开启 DHCP Server功能。

```
[L3 Switch]dhcp enable
```

② 配置DHCP地址池a为AP，分配地址，范围为192.168.40.0/24，网关地址为192.168.40.1。

```
[L3 Switch]dhcp server ip-pool a
[L3 Switch-dhcp-pool-a]network 192.168.40.0 mask 255.255.255.0
[L3 Switch-dhcp-pool-a]gateway-list 192.168.40.1
```

③ 配置DHCP option 43的内容为AC的IP地址。

```
[L3 Switch-dhcp-pool-a]option 43 ip-address 192.168.10.1
[L3 Switch-dhcp-pool-a]quit
```

④ 配置DHCP地址池b为无线客户端，分配地址范围为192.168.20.0/24，网关地址为192.168.20.1。

```
[L3 Switch]dhcp server ip-pool b
[L3 Switch-dhcp-pool-a]network 192.168.20.0 mask 255.255.255.0
[L3 Switch-dhcp-pool-a]gateway-list 192.168.20.1
[L3 Switch-dhcp-pool-a]quit
```

2. 配置二层交换机 L2 Switch

① 创建VLAN 400，VLAN400为AP接入的VLAN。

```
[L2 Switch]vlan 400
[L2 Switch-vlan400]quit
```

② 配置L2 Switch与L3 Switch相连的接口 GigabitEthernet 1/0/1为trunk口类型，禁止VLAN1报文通过，允许VLAN400通过。

```
[L2 Switch]interface GigabitEthernet 1/0/1
[L2 Switch-GigabitEthernet1/0/1]port link-type trunk
[L2 Switch-GigabitEthernet1/0/1]undo port trunk permit vlan 1
[L2 Switch-GigabitEthernet1/0/1]port trunk permit vlan 400
[L2 Switch-GigabitEthernet1/0/1]quit
```

③ 配置L2 Switch与FIT AP相连的接口GigabitEthernet 1/0/2为access口类型，加入VLAN 400，并开启Poe远程供电功能。

```
[L2 Switch]interface GigabitEthernet 1/0/2
[L2 Switch-GigabitEthernet1/0/2]port link-type access
[L2 Switch-GigabitEthernet1/0/2]quit
[L2 Switch]vlan 400
[L2 Switch-vlan400]port GigabitEthernet 1/0/2
[L2 Switch-vlan400]quit
[L2 Switch]interface GigabitEthernet 1/0/2
[L2 Switch-GigabitEthernet1/0/2]poe enable
[L2 Switch-GigabitEthernet1/0/2]quit
```

3. 配置无线控制器 AC

（1）配置 AC 接口

① 创建VLAN 100及SVI接口，并配置IP地址。AP将通过DHCP Option 43方式获取该IP地址，与AC建立CAPWAP隧道。

```
[AC]vlan 100
[AC-vlan100]quit
[AC]interface vlan-interface 100
[AC-Vlan-interface100]ip address 192.168.10.1 255.255.255.0
[AC-Vlan-interface100]quit
```

② 创建VLAN 200，无线控制器AC需要使用该VLAN转发无线客户端数据报文。

```
[AC]vlan 200
[AC-vlan200]quit
```

③ 配置无线控制器 AC 与 L3 Switch 相连的接口 GigabitEthernet 1/0/1 为 trunk 口类型，禁止 VLAN1 报文通过，允许 VLAN100 和 VLAN200 通过。

```
[AC]interface GigabitEthernet 1/0/1
[AC-GigabitEthernet1/0/1]port link-type trunk
[AC-GigabitEthernet1/0/1]undo port trunk permit vlan 1
[AC-GigabitEthernet1/0/1]port trunk permit vlan 100 200
[AC-GigabitEthernet1/0/1]quit
```

（2）配置三层路由

配置无线控制器 AC 默认路由下一跳为 L3 Switch 的 IP 地址为 192.168.10.83。

```
[AC]ip route-static 0.0.0.0 0.0.0.0 192.168.10.83
```

（3）配置无线服务

① 创建无线服务模板 1，并进入无线服务模板视图。

```
[AC]wlan service-template 1
```

② 配置 SSID 为 H3C。

```
[AC-wlan-st-1]ssid H3C
```

③ 使能服务模板。

```
[AC-wlan-st-1]service-template enable
[AC-wlan-st-1]quit
```

（4）配置 AP

① 创建手工 AP，名称为 officeap，型号名称为 WA5320H。

```
[AC]wlan ap officeap model WA5320H
```

② 设置 AP 序列号为 21980a0ycc175001667。

```
[AC-wlan-ap-officeap]serial-id 21980a0ycc175001667
```

③ 进入 AP 的 Radio 1 视图，将无线服务模板 1 绑定到 Radio 1 上，并指定无线客户端上线的 VLAN 为 200。

```
[AC-wlan-ap-officeap] Radio 1
[AC-wlan-ap-officeap-radio-1] service-template 1 vlan 200
```

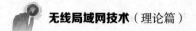
④ 开启 Radio 1 的射频功能。

```
[AC-wlan-ap-officeap-radio-1]radio enable
[AC-wlan-ap-officeap-radio-1]return
```

4. 验证配置

（1）在 AC 上查看 AP 注册信息

在 AC 上使用命令 display wlan ap all 查看 AP，可以看到 AP 的状态是 R/M，表明 AP 已经成功注册到 AC。

```
<AC>display wlan ap all
```

（2）在 AC 上查看无线客户端信息

在 AC 上使用命令 display wlan client 查看在线客户端，可以看到客户端已经连接到 AP 的 radio 1。

```
<AC>display wlan client
```

项 目 小 结

本项目介绍 FIT AP+AC 组网方案、CAPWAP 隧道协议、FIT AP 与 AC 互连模式、FIT AP+AC 连接技术、FIT AP+AC 冗余技术、FIT AP+AC 数据转发方式、FIT AP+AC 无线数据传输过程、FIT AP 关联 AC 过程、FIT AP+AC 二层网络组网配置、FIT AP+AC 跨越三层网络组网配置等内容。

项 目 测 试

1.（单选题）用来作为 AP 和 AC 建立 CAPWAP 隧道 VLAN 是（   ）。

    A. 管理 VLAN　　　　　　　　　　B. 服务 VLAN

    C. 用户 VLAN　　　　　　　　　　D. 认证 VLAN

2.（单选题）当 AC 为旁挂式组网时，如果数据是直接转发，则数据流——AC；如果数据是隧道转发模式，则数据流——AC。（   ）

    A. 不经过，经过　　　　　　　　　B. 不经过，不经过

    C. 经过，经过　　　　　　　　　　D. 经过，不经过

3.（单选题）当 AC 只有一个接口接入汇聚层交换机，用户流量直接通过汇聚层交换机

出公网，不流经 AC 时，此时组网模式应为（　　　　）。

  A. 旁挂模式+隧道转发   B. 旁挂模式+直接转发

  C. 直连模式+隧道转发   D. 直连模式+直接转发

 4.（单选题）在大型无线网络部署场景下，AC 配置成"三层组网+旁挂模式+直接转发"的时候，无线用户的网关应当位于（　　　　）。

  A. 汇聚层三层交换机上   B. 单臂路由器上

  C. AC 上   D. AP 上

 5.（多选题）FIT AP 二层注册中，在 AC 上查看到 AP 处于 Idle 状态，可能的原因有（　　　　）。

  A. FIT AP 没有上电

  B. FIT AP 和 AC 不在同一个 VLAN 中

  C. 网络中没有 DHCP 服务器

  D. AC 上 FIT AP 模板序列号或者型号信息配置错误

  E. AC 携带的 AP 软件版本与 AC 软件版本不匹配

 6.（多选题）采用 FIT AP 组网，无线控制器与 AP 的部署方式常见的（　　　　）。

  A. FIT AP 与无线控制器之间直接相连，用于小型的 FIT AP 网络

  B. FIT AP 与无线控制器之间跨越 L2 层网络组网

  C. FIT AP 与无线控制器之间跨越 L3 层网络组网

  D. FIT AP 与控制器之间跨越广域网组网

 7.（多选题）关于 FIT AP 的本地转发功能，以下说法正确的有（　　　　）。

  A. 目前所有 FIT AP 都支持本地转发功能

  B. 启用本地转发功能后，AP 直接转发客户端的数据，AC 不再参与数据转发，大大减轻了 AC 的负担

  C. 启用本地转发功能后，控制流和数据流采用了不同的处理方式，管理用户和 AP 的控制流由 AC 处理，而用户的数据转发则直接由 AP 处理

  D. 管理员可以配置从指定 SSID 接入的用户数据进行本地转发；不可以配置从指定 VLAN 接入的用户数据进行本地转发

  E. 要实现本地转发功能，需要向 AP 下发一个配置文件，该文件的作用是将 AP 的有线侧以太接口类型配置为 Trunk 类型，并允许管理 VLAN 和业务 VLAN 数据通过

 8.（单选题）对于 CAPWAP 协议，下面描述错误的是（　　　　）。

  A. AC 和瘦 AP 之间的传输协议

  B. 瘦 AP 与无线客户端之间的传输协议

  C. 由 CAPWAP 工作组制定

  D. CAPWAP 协议的制定吸取了其他协议的有用特性

9. （多选题）CAPWAP协议的主要内容包括（　　　）。

A. AP对AC的自动发现及AP&AC的状态机运行、维护

B. AC对AP进行管理、业务配置下发

C. STA数据封装CAPWAP隧道进行转发

D. 定义了Mac层和物理层的传输速率

10. （单选题）关于组网方式，下面描述正确的是（　　　）。

A. 相对于三层组网，二层组网更适用于园区、体育场馆等大型网络中

B. 三层组网的优势在于配置简单，组网容易

C. 如果AC处理数据的能力比较弱，推荐使用旁挂式组网

D. 直连式组网中，AP的业务数据可以不经过AC而直接到达上行网络

项目八

保障无线局域网安全

项目场景

为了方便公司员工的使用，某公司无线办公网络没有进行安全控制，外来人员在公司办公区的任何区域内，随意可以使用移动终端且不需要输入用户名和密码，即可直接接入公司内部办公网络，这样会给公司内部办公网络带来安全隐患。

为了保障公司无线网络安全，需要对公司无线局域网部署多种安全措施，包括：实施安全加密认证，对内部员工访问公司无线网络需要输入密码；实施无线网络隐藏SSID功能，防止无线信号外泄；实施无线网络黑白名单功能；等等。

知识目标

- 了解WLAN认证技术。
- 了解WLAN加密技术。
- 了解无线局域网802.1x认证。

技能目标

- 掌握AP SSID隐藏配置。
- 掌握无线控制器本地MAC认证配置。
- 掌握FIT+AC的PSK认证功能配置。
- 掌握802.1x认证配置。

 任务一　　了解无线局域网安全机制

一、无线局域网安全隐患

由于无线局域网是利用射频信号来收发数据信息，只要无线射频信号覆盖的区域，任何移动终端均可以接收无线信号，容易造成信号的窃听和干扰，因此无线局域网的安全性成为WLAN建设的重要考虑指标之一。

依据网络中传输的数据类型，无线局域网的系统架构可分为802.11无线区域和802.3有线区域两大类，如图8-1所示。

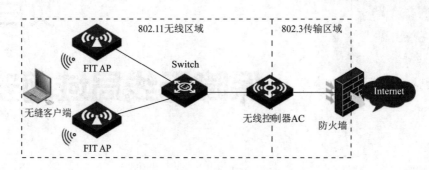

图 8-1　无线网络体系架构区域划分

对于802.3有线区域的安全风险是传统以太网的安全风险，使用传统有线网络的安全产品便能解决多数安全问题。

对于802.11无线射频信号覆盖的WLAN区域，存在很多安全隐患，主要表现如下几个方面。

（1）系统架构缺陷

无线局域网使用AP设备产生的射频信号进行无线覆盖，射频信号覆盖面广，没有任何屏蔽措施，网络入侵者利用射频信号作为突破口，直接窃取无线网络内部资源，而无线局域网的外围硬件防火墙或出口安全网关无法起到保护作用。

（2）认证脆弱

无线客户端通过扫描无线射频信号SSID标识，凭SSID名称即可认证通过，轻松接入无线AP设备。

（3）无线信号干扰

在无线局域网射频信号覆盖区域安装使用2.4 GHz或2 GHz频率的设备，如微波炉、蓝牙等，容易造成对射频信号的干扰。

二、无线局域网安全威胁

1．无线窃听

窃听是WLAN的威胁之一。在无线通信网络中，所有网络通信内容都是通过无线信道传送的。而无线信道是一个开放的信道，恶意窃听通常也称为WLAN发现，即通过WLAN发现工具软件（如InssiDer、Netstumbler等）搜索附近开放的WLAN射频信号，发送空探寻请求帧，以期收到包含WLAN通信信息：SSID、信道、加密方式等。

恶意窃听者使用网络监听工具捕获WLAN环境中开放信道的通信内容，包括未加密的数据、用户名和密码等。

由于无线窃听是以动态方式进行，该行为无法被网络安全系统发现，因此无线网络通信数据需要进行加密传输。

2．无线攻击

由于无线AP设备的无认证和漏洞，黑客可轻易窃听获取SSID、用户和密码，并成功接入无线网络，通过中间人攻击工具软件即可截获无线AP设备与网关交互的数据内容。

黑客通过无线网络攻击工具连续发送大量攻击数据包，消耗无线控制器AC、无线AP设备和服务器资源，造成无线通信设备和服务器处理无线服务变慢，甚至瘫痪。

3．非法登录

由于无线信号没有部署安全性设置（如禁用SSID广播、启用MAC地址过滤、无线信号加密等），会造成WLAN存在安全漏洞，这样会造成黑客轻松接入无线网络。

4．存在非法 AP

部署非法AP设备，AP发出相同的SSID，导致终端可能连接钓鱼Wi-Fi，数据被攻击者截获。

三、WLAN 认证技术

为了增强无线网络安全，需要采用相应的WLAN安全防护手段，即认证和加密等两种安全防护机制。其中，WLAN网络的接入安全，需要部署安全的认证解决方案。WLAN网络中传输的信息使用加密技术，确保数据安全。

认证机制是对访问无线网络的用户身份进行验证，确保只有授权的用户才可以访问网络资源。

加密机制是对无线网络中传输的数据进行加密，以保证无线网络中传输的数据，只被所期望的用户接收。

1．开放系统认证

开放式系统认证（Open System Authentication）是一种不对站点身份进行认证的认证方式。在此认证方式下，只要无线网络中有工作站STA发送请求认证，AP设备都允许其认证成功，是一种不安全的认证方式。

如图8-2所示，显示了在开放系统认证过程中通过两个步骤完成接入认证：

① STA请求认证阶段。首先无线网络中的工作站STA发出认证请求，请求报文中包含STA的ID（通常为MAC地址）。

② AP返回认证结果。无线接入AP收到无线工作站STA认证请求后，马上发认证响应。该响应报文中包含认证是成功还是失败的信息。如果认证结果为"成功"，则STA和AP就通过双向认证。

2．共享密钥认证

共享密钥认证（Shared Key Authentication）是在WEP、WPA等安全标准下实施的安全加密方式，要求客户端STA和AP预先配置相同的共享密钥，是通过判决对方是否掌握相同的密钥来确定对方身份是否合法。

共享密钥认证是一种链路级认证方式，而共享密钥认证是一种用户接入认证方式。

共享密钥认证需要STA和AP配置相同的WEP密钥，认证过程如图8-3所示。

① 客户端先向 AP 发送认证请求。

② AP 会随机产生一个 Challenge Text（即一个字符串）发送给客户端。

③ 客户端使用 WEP 密钥将接收到的 Challenge Text 加密后再发送给 AP。

④ AP 使用 WEP 密钥解密接收到的消息，并对解密后的字符串和原始字符串进行比较。如果相同，则说明客户端通过了链路层认证，否则链路层认证失败。

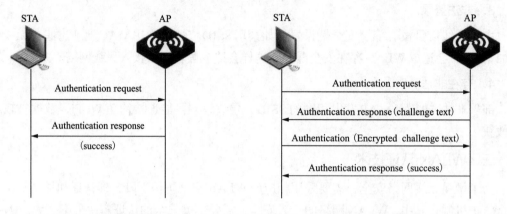

图 8-2 开放系统认证   图 8-3 共享密钥认证

共享密钥认证优点：采用 WEP 等加密方式对密钥进行保护，WLAN 无线区域的密钥数据不再明文传输，提供比开放认证更安全的认证机制。

共享密钥认证缺点：可扩展性不佳，必须在每台设备上配置一个很长的密钥字符串，且静态密钥的使用时间长，直到重新配置新密钥为止。密钥的使用时间越长，黑客便有更长的时间收集从它派生出来的数据信息，并最终通过逆向工程硬解密钥。

3．服务集标识（SSID）隐藏

隐藏 SSID 是实现终端通过主动扫描或者被动扫描方式搜索到无线信号，只有终端手动输入 SSID 的情况下才能连接。

4．MAC 地址认证

MAC 地址认证是一种基于端口和 MAC 地址对用户的网络访问权限进行控制的认证方法，它不需要用户安装任何客户端软件。设备在启动了 MAC 地址认证的端口上首次检测到用户的 MAC 地址以后，即启动对该用户的认证操作。认证过程中，不需要用户手动输入用户名或者密码。若该用户认证成功，则允许其通过端口访问网络资源，否则该用户的 MAC 地址就被设置为静默 MAC。在静默时间内（可通过静默定时器配置），来自此 MAC 地址的用户报文到达时，设备直接做丢弃处理，以防止非法 MAC 短时间内的重复认证。

目前设备支持两种方式的 MAC 地址认证，通过 RADIUS（Remote Authentication Dial-In User Service，远程认证拨号用户服务）服务器进行远程认证和在接入设备上进行本地认证。若认证位置（可通过 client-security authentication-location 命令配置）在 AP 上，则 AP 为接入设备，由 AP 处理认证过程，若认证位置在 AC 上，则 AC 为接入设备，由 AC 处理认证过程。

根据设备最终用于验证用户身份的用户名格式和内容的不同，可以将MAC地址认证使用的用户账户格式分为以下两种类型：

① MAC地址用户名密码：使用用户的MAC地址作为用户名和密码进行认证，即每个用户使用不同的用户名和密码进行认证。

② 固定用户名密码：设备上所有MAC地址认证用户均使用所配置的用户名和密码进行认证，即所有用户使用同一个用户名和密码进行认证。用户名为1～55个字符的字符串，区分大小写，不能包括字符@。密码可以设置为明文或者密文，明文密码为1～63个字符的字符串，密文密码为1～117个字符的字符串。

不同用户名格式下的MAC地址认证如图8-4所示。

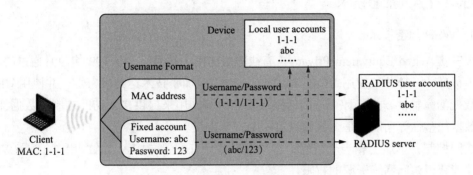

图 8-4 不同用户名格式下的 MAC 地址认证

（1）RADIUS 服务器认证方式进行 MAC 地址认证

当选用RADIUS服务器认证方式进行MAC地址认证时，设备作为RADIUS客户端，与RADIUS服务器配合完成MAC地址认证操作：

若采用MAC地址用户名格式，则设备将检测到的用户MAC地址作为用户名和密码发送给RADIUS服务器进行验证。

若采用固定用户名格式，则设备将一个已经在本地指定的MAC地址认证用户使用的固定用户名和对应的密码作为待认证用户的用户名和密码，发送给RADIUS服务器进行验证。

RADIUS服务器完成对该用户的认证后，认证通过的用户可以访问网络。

（2）本地认证方式进行 MAC 地址认证

当选用本地认证方式进行MAC地址认证时，直接在设备上完成对用户的认证。需要在设备上配置本地用户名和密码：

若采用MAC地址用户名格式，则设备将检测到的用户MAC地址作为待认证用户的用户名和密码与配置的本地用户名和密码进行匹配。

若采用固定用户名格式，则设备将一个已经在本地指定的MAC地址认证用户使用的固定用户名和对应的密码作为待认证用户的用户名和密码与配置的本地用户名和密码进行匹配。

用户名和密码匹配成功后，用户可以访问网络。

5. 802.1x 认证

802.1x 是由国际组织 IEEE 制定的一套基于端口的访问控制框架，允许或阻止流量通过端口以访问网络资源，主要由客户端、设备端、认证服务器构成。

6．PSK 认证

PSK（Pre-shared key，预共享秘钥）是一种 802.11i 身份验证方式，以预先设定好的静态密钥进行身份验证。该认证方式需要在无线用户端和无线接入设备端配置相同的预共享密钥。如果密钥相同，PSK 接入认证成功；如果密钥不同，PSK 接入认证失败。

7．Portal 认证（Web 认证）

Portal 认证是网络接入控制方案（NAC）中的一种，Portal 认证通常也称为 Web 认证。用户上网时，必须在门户网站进行认证，只有认证通过后才可以使用网络资源。

四、WLAN 加密技术

1．WEP 加密技术

WEP 是 Wired Equivalent Privacy（有线等效加密）的简称，是 1999 年 9 月通过的 IEEE 802.11 标准的一部分，使用 RC4（Rivest Cipher）流加密技术达到机密性，并使用 CRC-32 校验数据的完整性，是一种可选的链路层安全机制，用来提供接入访问控制、数据加密和保护数据完整性等功能，是无线领域第一个安全协议。

访问控制：本质上相当于授权，客户端设备只有配置与接入点 AP 相同的静态 WEP 密钥，才能获得访问网络资源的权限。

数据加密：指在数据传输之前，需要对其进行加密，以保护信息安全。

数据完整性：指发送方在发送数据之前，将计算 ICV（Integrity Check Value，完整性校验值），以防止数据信息在传输过程中遭到篡改。

（1）静态 WEP 安全加密算法

静态 WEP 安全标准的核心是采用 RC4 算法，通过 RC4 算法实现对称加密。

RC4 是一种密钥长度可变的流加密算法，系统生成 24 位的初始 IV（Initialization Vector）。通常 24 bit 的初始化向量 IV 由系统产生，一般由无线网卡的驱动程序产生，通过明文形式传送，但每一帧的初始化向量 IV 的值都不相同。在 WLAN 的服务端和客户端设备上配置密钥长度是 40 位或 104 位。

64 位 WEP 安全密钥长度由 24 位初始向量 IV 和 40 位静态密钥构成。

128 位 WEP 安全密钥长度由 24 位初始向量 IV 和 104 位静态密钥构成。

（2）静态 WEP 安全缺点

作为 WLAN 技术的第一个安全标准，其在网络安全防护上存在一定局限性，主要缺点有以下几点：

① 静态 WEP 安全技术在加密过程中采用 40 bit 长的密钥，这对于大部分应用而言密钥太短。较短的密钥长度和初始化向量 IV，很容易被破解。现有大量的黑客攻击工具可以轻松硬解其 40 bit 长的密钥。

② 不支持自动更换密钥，所有密钥必须手动重设，这导致了相同的密钥长期重复使用。密钥管理不便，加密、认证使用相同密钥，泄密可能性大。

③ 初始化向量 IV 在发送过程中使用明文传递，对加密密钥强度并无作用。

④ 由于没有采用双向认证，只能实现网络侧AP对终端侧的认证，对WLAN网络中可以存在虚假AP无法判断。

2. TKIP 加密技术

WPA（Wi-Fi Protected Access）是Wi-Fi联盟定义的无线安全草案，IEEE802.11i标准兼容该草案。

TKIP（Temporal Key Integrity Protocol），临时密钥完整协议，与WEP一样，也采用RC4加密算法，密钥由WEP的40位增加到了128位，是WPA标准中的加密算法。

TKIP加密协议为每个数据包都部署密钥，这意味着每个数据包都能动态生成新的128位密钥，从而通过快速更新密钥技术大大改进WEP安全模式下可能被暴力破解的缺点。

3. CCM P 加密技术

CCMP（Counter CBC-MAC Protocol），计数器模式密码块链消息完整码协议，针对WEP加密机制的各种缺陷做了多方面的改进，功能上完全等同于Wi-Fi联盟推出的WPA2。

CCMP采用了比 TKIP（RC4流加密）更安全的 AES 加密算法（AES，Advanced Encryption Standard，高级加密算法）。

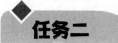

任务二　　实施 WLAN 安全技术

一、配置 AP SSID 隐藏

如图8-5所示，无线控制器AC的IP地址为192.168.1.9。FIT AP属于VLAN1，无线客户端属于VLAN2，无线控制器AC与交换机之间为Trunk。交换机VLAN1、VLAN2的接口地址分别是192.168.1.254、192.168.2.254。无线客户端的网关在交换机上，为192.168.2.254。SSID的名称为"H3C-hide"，并且隐藏此SSID，客户端无法发现此SSID，只能通过手动添加的方式连接此SSID。FIT AP序列号为210235A22W0079000212。

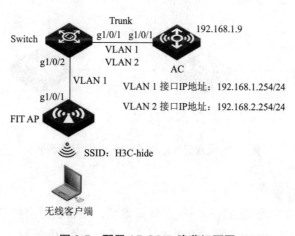

图 8-5　配置 AP SSID 隐藏组网图

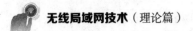

无线控制器AC的主要配置：

步骤1 创建无线接口，并指定该接口属于VLAN 2（默认情况下，新建的无线接口属于VLAN 1）。

```
[wx]interface wlan-ess 1
[wx-wlan-ess1]i port access vlan 2
```

步骤2 创建需要无线服务模板，配置SSID名称为"H3C-hide"，绑定无线接口。

```
[wx]wlan service-template 1 clear
[wx-wlan-st-1] ssid H3C-hide
[wx-wlan-st-1] beacon ssid-hide
[wx-wlan-st-1] bind WLAN-ESS 1
[wx-wlan-st-1]authentication-method open-system
[wx-wlan-st-1]service-template enable
```

步骤3 配置FIT AP的具体型号和序列号，添加AP，并在AP的射频卡Radio上绑定服务模板。

```
[wx] wlan ap ap1 model WA2100
[wx-wlan-ap-ap1]serial-id 210235A22W0079000212
[wx-wlan-ap-ap1]radio 1
[wx-wlan-ap-ap1]service-template 1
[wx-wlan-ap-ap1]radio enable
```

二、配置无线控制器本地 MAC 认证

如图8-6所示，集中式转发架构下，AP和Client通过DHCP Server获取IP地址，要求在AC上使用MAC地址用户名格式认证方式进行用户身份认证，以控制其对网络资源的访问。

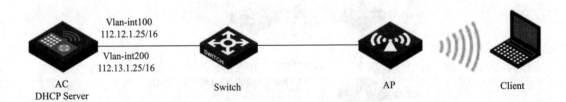

图 8-6 配置无线控制器本地 MAC 认证组图

1. 配置无线控制器 AC

（1）在AC上配置相关VLAN和对应虚接口地址，并放通对应接口，开启DHCP Server功能，AP、无线客户端Client能通过DHCP Server自动获取IP地址。

（2）配置本地认证域

```
[AC] domain local-mac
[AC-isp-local-mac] authentication lan-access local
[AC-isp-local-mac] authorization-attribute idle-cut 15 1024
```

（3）配置本地用户

```
[AC] local-user 3ca9f4144c20 class network
[AC-luser-network-3ca9f4144c20] password simple 3ca9f4144c20
[AC-luser-network-3ca9f4144c20] service-type lan-access
```

（4）配置本地MAC地址认证的用户名格式

```
[AC] mac-authentication user-name-format mac-address without-hyphen lowercase
```

（5）配置无线服务，开启MAC认证并调用相应的MAC域

```
[AC] wlan service-template 1
[AC-wlan-st-1] ssid service
[AC-wlan-st-1] vlan 200
[AC-wlan-st-1] client-security authentication-mode mac
[AC-wlan-st-1] mac-authentication domain local-mac
[AC-wlan-st-1] service-template enable
```

（6）配置AP

```
[AC] wlan ap officeap model WA4320i-ACN
[AC-wlan-ap-officeap] serial-id 210235A1Q2C159000019
[AC-wlan-ap-officeap] radio 2
[AC-wlan-ap-officeap-radio-2] service-template 1
[AC-wlan-ap-officeap-radio-2] radio enable
```

2．配置 Switch

创建相关VLAN及对应虚接口地址，配置L2 Switch和AP相连的接口为Trunk类型，PVID为AP管理VLAN，并开启PoE供电功能。

3．验证配置

完成以上配置后，无线用户Client连接到WLAN网络并进行MAC地址认证。在AC上通过命令display wlan client可以看见无线用户Client从VLAN 200上线。

三、配置FIT+AC的PSK认证功能

如图8-7所示，Switch作为DHCP服务器，为AP和Client分配IP地址。通过配置客户端和AP之间的数据报文，采用PSK身份认证与密钥管理模式来确保用户数据的传输安全，加密套件采用CCMP，安全信息元素采用RSN。

1. 配置无线控制器 AC

① 在 AC 上配置相关 VLAN 和对应虚接口地址，并放通对应接口。

② 配置无线服务。

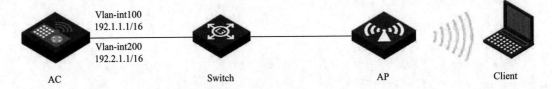

图 8-7　配置 FIT+AC 的 PSK 认证功能组图

```
# 创建无线服务模板1，并进入无线服务模板视图
[AC] wlan service-template 1
[AC-wlan-st-1] ssid service
[AC-wlan-st-1] vlan 200
# 配置身份认证与密钥管理模式为PSK模式，配置PSK密钥为明文字符串12345678
[AC-wlan-st-1] akm mode psk
[AC-wlan-st-1] preshared-key pass-phrase simple 12345678
# 配置加密套件为CCMP，安全信息元素为RSN
[AC-wlan-st-1] cipher-suite ccmp
[AC-wlan-st-1] security-ie rsn
[AC-wlan-st-1] service-template enable
```

③ 配置 AP。

```
[AC] wlan ap officeap model WA4320i-ACN
[AC-wlan-ap-officeap] serial-id 210235A1GQC152001076
[AC-wlan-ap-officeap] radio 2
[AC-wlan-ap-officeap-radio-2] service-template 1
[AC-wlan-ap-officeap-radio-2] radio enable
```

2. 配置 Switch

创建相关 VLAN，配置 switch 和 AP 相连的接口为 Trunk 类型，PVID 为 AP 管理 VLAN，AP、无线客户端 Client 通过 DHCP Server 自动获取 IP 地址，并开启 PoE 供电功能。

3. 验证配置

在 AC 上使用 display wlan client verbose 命令可以看到 Client 通过 PSK 加密方式接入无线网络。

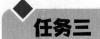

任务三　实施 WLAN 网络层认证安全

一、了解无线局域网 802.1x 认证

1．802.1x 协议概述

802.1x 起源于无线网络标准 802.11 协议，802.11 协议是标准的无线局域网协议，802.1x 协议设计的最初目的是为了解决无线局域网用户的接入认证问题。

802.1x 协议是一种基于端口的网络接入控制协议，所以具体的 802.1x 认证功能必须在设备端口上进行配置，对端口上接入的用户设备通过认证来控制对网络资源的访问。

2．802.1x 认证体系组成

IEEE802.1x 协议采用典型的客户端/服务器体系结构，包括三个主要的部分：客户端系统（Supplicant System）、认证系统（Authenticator System）以及认证服务器（Authentication Server System），如图 8-8 所示。

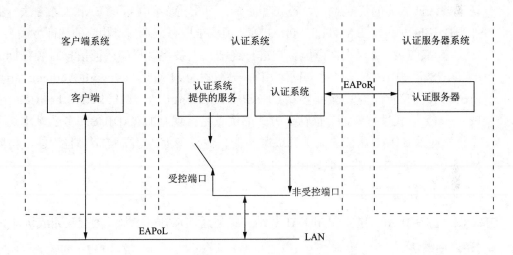

图 8-8　802.1x 认证体系组成

① 客户端系统：支持 802.1x 认证的无线局域网用户终端设备，通常需要安装一个客户端软件，用户通过启动这个客户端软件发起 802.1x 认证，同时客户端必须支持 EAPoL 协议。

② 认证系统：通常为支持 802.1x 协议的网络设备，它为客户端提供服务端口，该端口可以是物理端口也可以是逻辑端口，一般在用户端的接入设备（如 Switch 或 AP）上实现 802.1x 认证。认证系统在客户端和认证服务器之间充当代理角色，它跟客户端之间通过 EAPoL 协议进行通信，跟认证服务器之间通过 EAPOver Radius 报文或者标准的 Radius 报文进行通信。

③ 认证服务器系统：通常为 Radius 服务器，用于实现对用户进行认证和授权功能。认证服务器通过检验客户端发送来的身份标识来判断该用户是否有权使用认证系统所提供的网络服务。

以上三个部分，除客户端系统外，认证系统和认证服务器之间既可以分布在两个不同的物理实体上，也可以是集中在一个物理实体上，后者指的是由认证系统独立完成用户的认证授权，即本地认证。

① 非受控端口：始终处于以向连通状态，主要用来传递 EAPoL 协议帧，可随时保证接收认证请求客户端发出的 EAPoL 认证报文。

② 受控端口：只有在认证通过的状态下才打开，用于传递网络资源和服务。

③ 802.1x 的认证方式

802.1x 认证系统使用可扩展认证协议 EAP（Extensible Authentication Protocol）来实现客户端、设备端和认证服务器之间认证信息的交换，各实体之间 EAP 协议报文的交互形式如下：

① 在客户端与设备端之间，EAP 协议报文使用 EAPoL 封装格式，并直接承载于 LAN 环境中。

② 在设备端与 RADIUS 服务器之间，EAP 协议报文可以使用以下两种方式进行交互：

- EAP 中继：EAP 协议报文由设备端进行中继，设备将 EAP 报文使用 EAPoR（EAP over RADIUS）封装格式承载于 RADIUS 协议中，发送给 RADIUS 服务器进行认证。该认证方式的优点是：设备处理简单，可支持多种类型的 EAP 认证方法，例如 MD5-Challenge、EAP-TLS、PEAP 等，但要求服务器端支持相应的认证方法。

- EAP 终结：EAP 协议报文由设备端进行终结，设备将客户端认证信息封装在标准 RADIUS 报文中，与服务器之间采用密码验证协议 PAP（Password Authentication Protocol）或质询握手验证协议 CHAP（Challenge Handshake Authentication Protocol）方式进行认证。该认证方式的优点是：现有的 RADIUS 服务器基本均可支持 PAP 和 CHAP 认证，无须升级服务器，但设备处理较为复杂，且不能支持除 MD5-Challenge 之外的其他 EAP 认证方法。

二、802.1x 认证流程

802.1x 系统支持 EAP 中继方式和 EAP 终结方式与远端 RADIUS 服务器交互完成认证。

1. EAP 中继认证

图 8-9 为 EAP 中继方式业务流程。

EAP 中继认证的过程如下：

① 当用户需要访问外部网络时打开 802.1x 客户端程序，输入已经申请、登记过的用户名和密码，发起连接请求。此时，客户端程序将向设备端发出认证请求帧（EAPoL-Start），开始启动一次认证过程。

② 设备端收到认证请求帧后，将发出一个 Identity 类型的请求帧（EAP-Request/Identity）要求用户的客户端程序发送输入的用户名。

③ 客户端程序响应设备端发出的请求，将用户名信息通过 Identity 类型的响应帧（EAP-Response/Identity）发送给设备端。

④ 设备端将客户端发送的响应帧中的 EAP 报文封装在 RADIUS 报文（RADIUS Access-Request）中，发送给认证服务器进行处理。

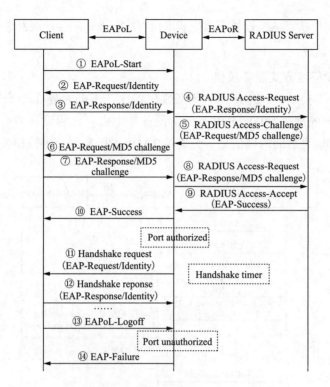

图 8-9　EAP 中继方式业务流程

⑤ RADIUS 服务器收到设备端转发的用户名信息后，将该信息与数据库中的用户名列表中的对比，找到该用户名对应的密码信息，用随机生成的一个 MD5 Challenge 对密码进行加密处理，同时将此 MD5 Challenge 通过 RADIUS Access-Challenge 报文发送给设备端。

⑥ 设备端将 RADIUS 服务器发送的 MD5 Challenge 转发给客户端。

⑦ 客户端收到由设备端传来的 MD5 Challenge 后，用该 Challenge 对密码部分进行加密处理，生成 EAP-Response/MD5 Challenge 报文，并发送给设备端。

⑧ 设备端将此 EAP-Response/MD5 Challenge 报文封装在 RADIUS 报文（RADIUS Access-Request）中，发送给 RADIUS 服务器。

⑨ RADIUS 服务器将收到的已加密的密码信息和本地经过加密运算后的密码信息进行对比，如果相同，则认为该用户为合法用户，并向设备端发送认证通过报文（RADIUS Access-Accept）。

⑩ 设备收到认证通过报文后向客户端发送认证成功帧（EAP-Success），并将端口改为授权状态，允许用户通过端口访问网络。

⑪ 用户在线期间，设备端会通过向客户端定期发送握手报文的方法，对用户的在线情况进行监测。

⑫ 客户端收到握手报文后，向设备发送应答报文，表示用户仍然在线。默认情况下，若设备端发送的两次握手请求报文都未得到客户端应答，设备端就会让用户下线，防止用户因为异常原因下线而设备无法感知。

⑬ 客户端可以发送 EAPoL-Logoff 帧给设备端，主动要求下线。

⑭ 设备端把端口状态从授权状态改变成未授权状态，并向客户端发送 EAP-Failure 报文。

2. EAP 终结认证

图 8-10 为 EAP 终结方式业务流程

EAP 终结方式与 EAP 中继方式的认证流程相比，不同之处在于步骤④ 用来对用户密码信息进行加密处理的 MD5 challenge 由设备端生成，之后设备端会把用户名、MD5 challenge 和客户端加密后的密码信息一起送给 RADIUS 服务器，进行相关的认证处理。

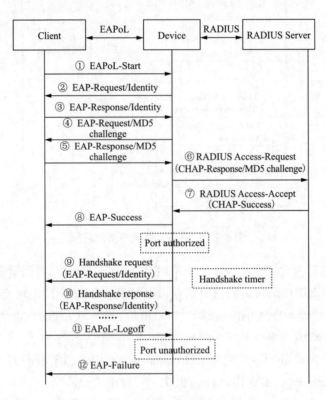

图 8-10　EAP 终结方式业务流程

三、配置 WLAN 802.1x 认证

1. 配置本地 802.1x 认证

如图 8-11 所示，Switch 通过 PoE 方式给 AP 供电，Switch 作为 DHCP Server 为 AP、Client 分配 IP 地址，需要实现无线客户端 Client 通过 AP 连接到 AC 上。

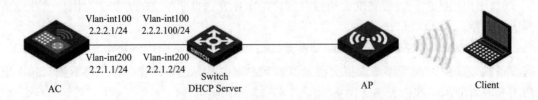

图 8-11　无线客户端进行本地 802.1x 认证组网图

配置AC的关键点：

① 在AC上配置相关VLAN及对应虚接口地址，并放通对应接口。

② 配置本地用户，用户名为localuser，密码为localpass。

```
[AC] local-user localuser class network
[AC-luser-network-localuser] password simple localpass
[AC-luser-network-localuser] service-type lan-access
```

③ 配置ISP域，为802.1x用户配置AAA认证方法为本地认证、授权和计费。

```
[AC] domain bbb
[AC-isp-bbb] authentication lan-access local
[AC-isp-bbb] authorization lan-access local
[AC-isp-bbb] accounting lan-access local
```

④ 配置802.1x认证方式为CHAP。

```
[AC] dot1x authentication-method chap
```

⑤ 配置无线服务。

```
[AC] wlan service-template service
[AC-wlan-st-service] ssid service
[AC-wlan-st-service] vlan 200
[AC-wlan-st-service] client-security authentication-mode dot1x
[AC-wlan-st-service] dot1x domain bbb
[AC-wlan-st-service] service-template enable
```

⑥ 配置AP。

```
[AC] wlan ap office model WA4320i-ACN
[AC-wlan-ap-office] serial-id 210235A1GQC158004457
[AC-wlan-ap-office] radio 1
[AC-wlan-ap-office-radio-1] service-template service
[AC-wlan-ap-office-radio-1] radio enable
```

配置Switch关键点：创建相关VLAN，配置Switch和AP相连的接口为Trunk类型，PVID为AP管理VLAN，开启DHCP Server功能，AP、无线客户端Client通过DHCP Server自动获取IP地址，并开启PoE供电功能。

2. 配置远程802.1x认证

如图8-12所示组网，Switch作为DHCP Server为AP和Client分配IP地址，RADIUS服务器对用户进行认证、授权和计费，要求对无线用户进行远程802.1x认证，加密套件采用CCMP。

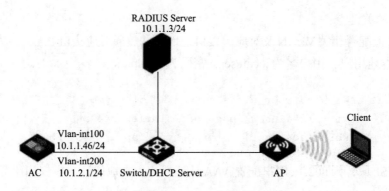

图 8-12　远程 802.1x 认证组网图

配置 AC 的关键点：

① 在 AC 上配置相关 VLAN 和对应虚接口地址，并放通对应接口。

② 配置 RADIUS 方案。

```
# 配置radius认证，配置RADIUS服务器的IP地址、秘钥及RADIUS报文发送的源地址
[AC] radius scheme radius1
[AC-radius-radius1] primary authentication 10.1.1.3
[AC-radius-radius1] primary accounting 10.1.1.3
[AC-radius-radius1] key authentication simple 12345
[AC-radius-radius1] key accounting simple 12345
[AC-radius-radius1] nas-ip 10.1.2.1
[AC-radius-radius1] quit
# 创建名为dom1的ISP域，配置认证、计费、授权方案
[AC] domain dom1
[AC-isp-dom1] authentication lan-access radius-scheme radius1
[AC-isp-dom1] authorization lan-access radius-scheme radius1
[AC-isp-dom1] accounting lan-access radius-scheme radius1
# 使能RADUIS session control功能
[AC] radius session-control enable
# 开启RADIUS DAE服务，配置RADIUS DAE客户端的IP地址和秘钥
[AC] radius dynamic-author server
[AC-radius-da-server] client ip 10.1.1.3 key simple 12345
```

③ 配置 802.1x 认证。

```
# 配置802.1x系统的认证方法为EAP
[AC] dot1x authentication-method eap
```

④ 配置无线服务模板。

```
[AC] wlan service-template service
[AC-wlan-st-service] ssid service
```

```
[AC-wlan-st-service] vlan 200
# 配置身份认证与密钥管理的模式为802.1x
[AC-wlan-st-service] akm mode dot1x
# 配置CCMP为加密套件，配RSN为安全信息元素
[AC-wlan-st-service] cipher-suite ccmp
[AC-wlan-st-service] security-ie rsn
# 配置用户接入认证模式为802.1x
[AC-wlan-st-service] client-security authentication-mode dot1x
# 配置802.1x用户使用认证域为dom1
[AC-wlan-st-service] dot1x domain dom1
[AC-wlan-st-service] service-template enable
```

⑤ 配置AP。

```
[AC] wlan ap office model WA4320i-ACN
[AC-wlan-ap-office] serial-id 210235A1GQC158004457
[AC-wlan-ap-office] radio 1
[AC-wlan-ap-office-radio-1] service-template service
[AC-wlan-ap-office-radio-1] radio enable
```

配置switch关键点：创建相关VLAN，配置L2 Switch和AP相连的接口为Trunk类型，PVID为AP管理VLAN，开启DHCP Server功能，AP、无线客户端Client都能通过DHCP Server自动获取IP地址，并开启PoE供电功能。

项 目 小 结

本项目主要介绍WLAN认证技术和WLAN加密技术、AP SSID隐藏、本地MAC认证、PSK认证功能、802.1x认证等内容。

项 目 测 试

1.（多选题）通过与RADIUS服务器联动进行用户权限认证的无线网络验证方式是（　　）。
A. WPA-PSK　　B. PEAP　　　　C. WEP　　　　　D. EAP-MD5

2.（单选题）当采用PEAP或EAP-TLS的无线认证方式时，我们需要全局下使能（　　），并根据需要加载根证书和服务器证书（　　）。

A. dot1x authentication-method eap

B. dot1x authentication-method chap

C. dot1x authentication-method pap

D. dot1x authentication-method wap

3.（单选题）当 AP 中配置 SSID 加密类型为 WEP 加密（密码为 12345），MAC 层认证方式为 open-system，而客户端输入密码为 54321，会出现以下哪种现象？（   ）

    A. 客户端可以成功连接 AP，但无法正常通信

    B. 客户端可以成功连接 AP，也可以正常通信，但数据报文为明文传输

    C. 客户端会提示密码错误，要求重新输入

    D. 客户端无法成功连接 AP

4.（单选题）无线控制器在做本地 MAC 认证时，用户名和密码都必须配置成无线客户端的 MAC 地址。用户名和密码的 MAC 地址中字母形式是（   ）。

    A. 用户名是大写，密码是小写　　 B. 用户名是小写，密码是大写

    C. 用户名和密码都是小写　　　　 D. 用户名和密码都是大写

5.（单选题）当 AP 中配置 SSID 加密类型为 WEP 加密（密码为 12345），MAC 层认证方式为 shared-key，而客户端输入的密码为 54321，会出现以下哪种现象？（   ）

    A. 客户端无法成功连接 AP

    B. 客户端可以成功连接 AP，但无法正常通信

    C. 客户端可以成功连接 AP，也可以正常通信，但数据报文为明文传输

    D. 客户端会提示密码错误，要求重新输入

6.（多选题）在 802.1x 协议中，必须要具备（   ）才能够完成对用户的认证和授权。

    A. eSight 服务器　 B. 客户端　　　　 C. 认证者　　　　 D. 认证服务器

7.（多选题）为了保障 WLAN 安全，可以采取以下哪些措施？（   ）

    A. 身份验证　　　 B. 加密　　　　　 C. 系统防护　　　 D. 控制流量

8.（单选题）下面几种加密方式中，安全性最好的是（   ）。

    A. 明文加密　　　 B. WEP 加密　　　 C. TKIP 加密　　　 D. CCMP 加密

9.（单选题）H3C 无线控制器作 MAC 认证既支持本地认证，也可以配合 RADIUS 实现，其中的用户名和密码都是（   ）。

    A. 111　　　　　　 B. H3C　　　　　 C. 客户端 MAC　 D. WX5002

10.（单选题）H3C 无线控制器中通过命令 "wlan service-template 1 clear" 将 service-template 1 定义为非加密 service-template，如何将其修改为加密的 service-template？（   ）

    A. 输入命令 "wlan service-template 1 crypto" 即可

    B. 先在 service-template 1 视图下输入 "service-template disable"，再在全局视图下输入 "wlan service-template 1 crypto"，最后在 service-template 1 视图下输入 "service-template enable"

    C. 如果 wlan service-template 1 已应用在 AP 的 radio 上，需要先解除应用后输入命令 "wlan service-template 1 crypto" 即可，如果 wlan service-template 1 没有应用，直接输入命令 "wlan service-template 1 crypto" 即可

    D. 不能修改已存在的 wlan service-template 1 的加密类型，只能将原来的 service-template 1 删除，然后通过命令 "wlan service-template 1 crypto" 新建一个 service-template 1 才能达到将其修改为加密类型的目的，但是如果 wlan sevice-template 1 已应用在 AP 的 radio 上，需要先解除相关应用

项目九

配置无线局域网的高级特性

项目场景

随着移动医疗平台技术不断发展，各大医院需要配备移动查房终端设备，以便医生在日常工作中能够随时随地快速查看病人病历资料，在查房时可随时查阅查房记录，实现医嘱及时下达等。因此需要医院组建无线网络，对病房进行无死角覆盖，医生在查房走动过程中，移动查房终端设备在不同无线AP之间无规律的切换。

为了保证移动查房终端设备在AP间平滑切换，在移动查房过程中经过多个Wi-Fi热点，且全程使用同一个SSID接入，终端IP地址不变，用户权限不变，用户业务不能中断，需要使用WLAN漫游技术。

随着"移动智慧医院"项目的建设，WLAN技术在医院的覆盖范围及应用场景不断扩大，WLAN设备的功能与特性也越来越多样化，以满足日益丰富的业务需求。

知识目标

- 掌握FAT高级特性及配置。
- 掌握无线漫游技术。
- 了解FIT AP间的负载均衡。
- 掌握AC之间热备份。

技能目标

- 掌握FAT高级特性的配置。
- 掌握无线漫游技术的配置。
- 掌握FIT AP间的负载均衡配置。
- 掌握AC之间热备份配置。

任务一　　掌握 FAT AP 的高级特性与配置

一、上行链路完整性检测功能

FAT AP 的上行链路完整性检测功能是根据上行链路的状态来确定是否提供 WLAN 接入服务，如图 9-1 所示。如果用户指定的上行端口状态为 Down，FAT AP 将自动 Down 掉下行端口（无线端口），不再提供无线接入服务，待上行链路恢复后，无线接入服务也会自动恢复。

配置上行链路完整性检测功能：

```
[H3C] wlan uplink-interface ethernet 1/0/1#ethernet 1/0/1为FAT AP上行接口
```

根据 FAT AP 实际的应用场景，指定的上行接口可以是以太网端口或无线桥接端口。

二、无线访问控制功能

1. 二层隔离功能

FAT AP 不仅可以通过 SSID 同 VLAN 绑定，实现不同 SSID 下二层用户间的隔离，还可以通过二层隔离功能实现同一 VLAN 用户的隔离，从而使无线用户之间不能直接进行通信。如图 9-2 所示，在 AP 上开启二层隔离功能后，Client1～Client4 之间不能互通，也无法学习到对方的 MAC 地址和 IP 地址。

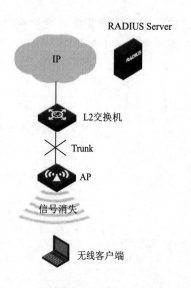

图 9-1　上行链路完整性检测功能　　　　图 9-2　二层用户间的隔离

无线用户隔离命令如下：

```
user-isolation enable  #命令用来开启基于SSID的用户隔离功能
```

```
user-isolation vlan vlan-list enable   #命令用来开启指定VLAN的用户隔离功能
#命令用来配置指定VLAN的MAC地址允许转发列表
user-isolation vlan vlan-list permit-mac mac-list
```

注：为了避免在指定VLAN上开启用户隔离功能后出现断网情况，用户必须根据user-isolation vlan permit-mac命令先将用户网关的MAC地址加入到用户隔离允许列表中，再开启该VLAN的用户隔离功能。

2. 黑白名单功能

FAT AP可利用黑白名单功能实现用户访问控制，如果配置了白名单，那么只有在白名单上的用户MAC地址为合法MAC地址，允许接入无线网络，其他MAC地址都不允许接入；而在黑名单上源MAC地址用户也会被拒绝接入。

实际用户接入时，其MAC地址会先经过白名单过滤，再经过黑名单的过滤。

配置黑白名单功能命令如下：

```
Static-blacklist mac-address mac-add
Whitelist mac-address mac-add
```

三、无线用户限速功能

1. 基于无线服务限速

FAT AP的无线用户限速功能分为静态限速和动态限速两种。

① 静态限速：是指每用户带宽不能超过"固定速率"，即固定速率为每用户带宽的上限。

② 动态限速：是指每用户带宽不能超过"共享速率/当前接入用户数量"，如共享速率为20 000 kbit/s，当前接入用户数量为10个，则每用户带宽不能超过20 000 kbit/s/10=2000 kbit/s。

2. 基于客户端类型限速

根据用户网卡与AP协商速率分类，分为802.11/b/a/g/an/gn/ac/gac类型，根据协商速率协议类型进行限速。

四、最大接入用户数量限制

1. 限制AP的最大用户数量

限制每个AP的最大用户接入数量，如限制AP的最大用户数量为20，当此AP上已接入20个客户端时，AP会拒绝第21个客户端的接入，如图9-3所示。

主要配置如下：

```
[H3C]wlan radio-policy 1
[H3C-wlan-rp-1]client max-count 20
[H3C]wlan ap ap1
```

```
[H3C-wlan-ap-ap1]radio 1
[H3C-wlan-ap-ap1-radio-1] radio-policy 1
```

2. 限制某 SSID 在每 AP 上的最大接入用户数量

如图 9-4 所示，限制 SSID 为 "H3C" 在每个 AP 最大接入用户数量为 15，当一个 AP 上已有 15 个客户端接入 SSID "H3C" 时，AP 会拒绝第 16 个客户端接入此 SSID。

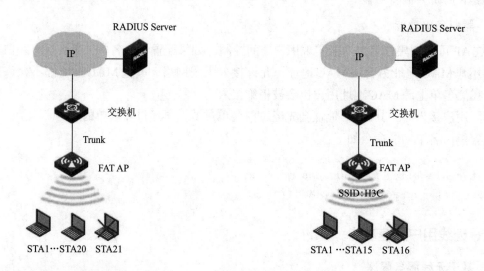

图 9-3 限制 AP 的最大用户数量   图 9-4 限制 SSID "H3C" 在每个 AP 上的最大接入用户数量

主要配置如下：

```
[H3C]wlan service-template 2 clear
[H3C-wlan-st-2]ssid H3C
[H3C-wlan-st-2]client max-count 15
[H3C-wlan-st-2] service-template enable
[H3C]interface WLAN-Radio 1/0/2
[H3C-wlan-radio1/0/2] service-template 2 interface WLAN-BSS 2
```

五、射频管理功能

FAT AP 的射频管理对象主要为信道、功率及数据发送率。

1. 信道

① 自动选择：FAT AP 上电后会扫描一次周围的射频环境，通过比较自动选择干扰小、噪声低的信道为当前工作信道。在自动调节模式下，AP 会间隔一定时间扫描所有信道，选择射频环境最好的信道为当前工作信道，同时也可以根据当前工作信道的射频环境来调整发射功率和数据的发送数率。

② 手动设置：可以手动设定 FAT AP 当前工作信道。在手动配置模式下，AP 的信道、功率及数据发送速率都可设置为固定值。

2．功率

FAT AP功率只能通过手动设置。默认情况下，FAT AP以最大功率启动。

任务二　掌握无线用户漫游技术

在无线局域网部署时，为了保障无线客户端在无线局域网中能随时随地无缝地接入无线网络，保障业务应用不中断，就必须采用无线漫游方案。

无线网络中的无线终端在移动通信过程中，需要从一台AP服务区跨越到另一台AP服务区。无线终端设备在多台不同AP设备之间切换，需要保障网络通信不中断。

一、无线漫游概述

1．无线漫游概念

WLAN网络中存在多台无线接入AP，且它们的信号覆盖范围有重叠区域时，无线工作站STA从一台AP移动到另一台AP，在WLAN网络内任意移动，仍保持和无线网络连接——通常把这种无线客户端设备在不同AP之间任意移动，都能保持连接，且移动过程中保证已有的无线通信业务不中断称为漫游。

此外，只有STA在属于同一个ESS的不同AP间移动才能称为漫游。如果STA开始关联的SSID为"H3C"，后来经过移动又关联至另一个SSID，则不能称为漫游。

如图9-5所示，STA先关联在AP1上，然后从AP1的覆盖范围移动到AP2的覆盖范围，并在AP2上重新关联，期间站点保持IP地址不变且保证用户业务不中断。

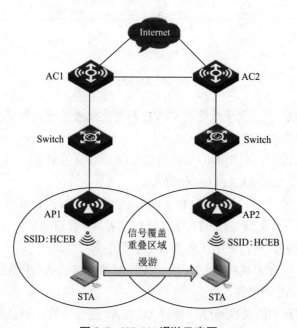

图9-5　WLAN漫游示意图

2．无线漫游技术特征

无线网络中WLAN漫游具有如下特征：

① 无线终端STA使用同一个SSID标识符在WLAN中任意移动。

② 漫游的过程中，保证终端的业务不中断。

③ 漫游的过程中，无线终端STA接入WLAN初期获取的IP地址，在整个漫游过程中保持不变。

3．无线漫游术语

如图9-6所示，WLAN网络通过AC1和AC2两个AC对AP进行管理，其中AP1和AP2与AC1进行关联，AP3与AC2进行关联。

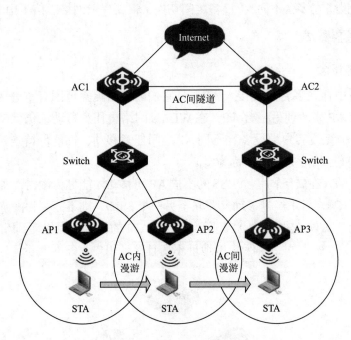

图 9-6　WLAN 漫游架构

① HA（Home-AC）：一台无线终端STA设备首次向漫游组内的某个无线控制器进行关联，该无线控制器即为该无线终端的HA。

② FA（Foreign-AC）：与漫游的无线终端STA设备正在连接，且不是HA的无线控制器AC，该无线控制器AC为该无线终端的FA。

③ 漫游域：由多个无线控制器和FIT AP组成的支持无线客户端漫游的无线网络系统。

④ AC内漫游：一台无线终端STA从无线控制器AC管理的一台AP上，漫游到同一台无线控制器AC管理的另一台AP中，称为AC内漫游。

⑤ AC间漫游：一台无线终端STA从无线控制器连接的AP漫游到另一台无线控制器AC连接的AP，称为AC间漫游。

根据站点漫游过程中的关联顺序，可对AC和AP进行分类，如表9-1所示。

表 9-1　AC 和 AP 分类

名　　称	缩　　写	说　　明
Home AC	HAC	无线终端STA首次关联AC，如图9-6中AC1
Home AP	HAP	无线终端STA首次关联AP，如图9-6中AP1
Foreign AC	FAC	无线终端STA漫游后关联AC，如图9-6中AC2
Foreign AP	FAP	无线终端STA漫游后关联AP，如图9-6中AP2、AP3

4．无线漫游类型

根据漫游过程中无线终端STA接入前、后无线AP设备归属不同的AC设备管理，可将漫游分为AC内漫游和AC间漫游。根据无线终端STA漫游前后是否在同一子网，可将漫游分为二层漫游和三层漫游。

（1）AC 内漫游和 AC 间漫游

如果无线终端STA在漫游过程中HAC和FAC是同一个AC，则此漫游称为AC内漫游。如果STA漫游过程中HAC和FAC不是同一个AC，则此漫游称为AC间漫游。

AC间漫游组内的所有AC需要同步每个AC管理的STA和AP设备的信息，因此在AC间建立一条隧道作为数据同步和报文转发的通道，这条隧道称为AC间隧道。

（2）二层漫游和三层漫游

二层漫游是指无线终端STA在同一子网中漫游，如图9-7所示，STA漫游前后所关联的AP1及AP2都在VLAN 100中。

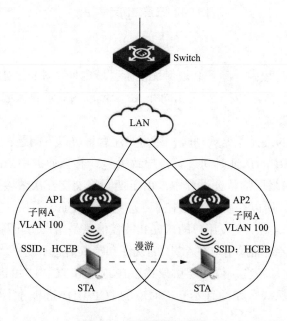

图 9-7　二层漫游示意图

三层漫游是指STA在不同子网间漫游，如图9-8所示。

图9-8中，STA漫游前关联AP1的业务VLAN为100，对应网段为192.168.100.0/24。漫游后关联的AP2不在VLAN 100内，其业务VLAN为200，对应网段为192.168.200.0/24。

虽然三层漫游前后STA所处的VLAN不同，但是漫游后AC仍然把STA视为从原始子网（VLAN 100）连接过来，且STA的IP地址保持不变。

AC设备内的漫游分为AC设备内二层漫游和AC设备内三层漫游。

AC设备间的漫游分为AC设备间二层漫游和AC设备间三层漫游。

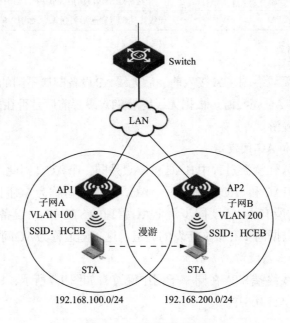

图9-8　三层漫游示意图

5．漫游策略规划

WLAN无线漫游过程中，除了必须保证漫游区域内使用相同SSID外，WLAN无线漫游发生的必要条件还包括AP安全策略相同和AP覆盖范围有重叠区域，其信号的重叠区域至少应保持在15%～25%。

此外，无线WLAN漫游策略规划时，还需要注意解决以下问题：

① 避免漫游过程中的认证时间过长，导致丢包，甚至业务中断故障。在实施802.1x认证、Portal认证等网络层的认证过程中，由于期间报文交互次数多，交互时间长，大于WLAN无线连接过程，所以在漫游过程中需要避免重新认证、授权、密钥协商过程。

② 保证用户授权信息不变。用户的认证和授权信息是用户访问网络的通行证，为保障漫游后业务不中断，必须确保用户在AC上的认证和授权信息不变。

③ 保证用户IP地址不变。应用层协议均以IP地址和TCP/UDP进程为用户业务承载，漫游后的用户必须能保持原IP地址不变，对应的TCP/UDP进程才不中断，应用层数据才能够保持正常转发。

二、单台AC设备内二层漫游

1．单台AC设备内二层漫游过程

如果无线终端STA在漫游过程中HAC和FAC是同一个AC，则此漫游称为AC内漫游。

AC设备内漫游时，STA在同一VLAN（同一子网）中漫游，所有AP设备归属同一台AC管理。所有STA归属同一台AC管理，无须AC设备间预先同步。

如图9-9所示，无线终端STA漫游前后所关联的AP1及AP2都在VLAN 100中。

AC设备内二层漫游过程主要包括以下几个步骤：

步骤1　无线终端STA通过AP1设备申请同AC设备发生关联。AC设备判断该STA是否为首次接入用户，为其创建并保存相关的用户信息，以备将来漫游时使用。

步骤2　当STA从AP1覆盖的区域向AP2覆盖的区域移动时，STA断开同AP1的关联，漫游到同一台AC相连的AP2上。

步骤3　STA通过AP2设备重新同AC发生关联。AC判断该STA为漫游用户。由于漫游前后在同一VLAN内（同一子网），AC仅需更新用户数据库信息，将数据转发链路改为由AP2转发，即可实现STA的无线漫游。

上述过程完成后，还需要执行用户使用的安全策略才能完成漫游。

2. 配置单台 AC 设备内二层漫游

如图9-10所示，AC、AP1和AP2在VLAN 100中，无线客户端先通过AP1连接至无线网络，然后漫游到与同一AC相连的AP2上。

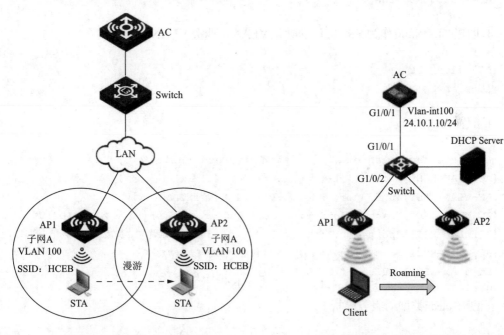

图 9-9　AC 设备内二层漫游　　　　　图 9-10　配置单台 AC 设备内二层漫游

（1）配置思路

为了实现 AC 内漫游，各 AP 配置相同的 SSID，各 AP 下绑定相同的服务模板。

由于无线客户端在跨 VLAN 漫游过程中需要通过 MAC VLAN 表项强制保持自身的VLAN 不变，所以需要MAC-VLAN 功能。

（2）无线控制器 AC 的配置

① 配置AC的IP地址：

```
#创建VLAN 100及其对应的VLAN接口，并为该接口配置IP地址，AC使用该接口的IP地址与AP建
立隧道
<AC> system-view
[AC] vlan 100
[AC-vlan100] quit
[AC] interface vlan-interface 100
[AC-Vlan-interface100] ip address 24.10.1.10 24
[AC-Vlan-interface100] quit
```

② 将AC与Switch互连的接口配置成Trunk口，建议把其PVID改为100，允许VLAN 100通过。

```
[AC] interfaceGigabitEthernet1/0/1
[AC-GigabitEthernet1/0/1] portlink-type trunk
[AC-GigabitEthernet1/0/1] port trunk permit vlan 100
[AC-GigabitEthernet1/0/1] port trunk pvid vlan 100
[AC-GigabitEthernet1/0/1] quit
```

③ 创建VLAN200作为ESS接口的默认VLAN（业务VLAN）。

```
[AC] vlan 200
[AC-vlan200] quit
```

④ 配置无线接口。

```
[AC] interface wlan-ess 1          #创建wlan-ess 1无线接口
[AC-WLAN-ESS1] port link-type hybrid     #配置wlan-ess 1接口类型为hybrid
[AC-WLAN-ESS1] undo port hybrid vlan 1   #禁止VLAN 1通过
[AC-WLAN-ESS1] port hybrid pvid vlan 200        #配置hybrid端口PVID为VLAN 200
[AC-WLAN-ESS1] port hybrid vlan 200 untagged   #允许VLAN 200不带tag通过
[AC-WLAN-ESS1] mac-vlan enable     #使能MAC-VLAN功能。
[AC-WLAN-ESS1] quit
```

⑤ 创建clear类型的服务模板1。

```
[AC] wlan service-template 1 cleare    # 设置当前服务模板的SSID为intra-roam
[AC-wlan-st-1] ssid intra-roam    #配置SSID为intra-roam
[AC-wlan-st-1] bind wlan-ess 1    # 将WLAN-ESS1接口绑定到服务模板1
[AC-wlan-st-1] service-template enable # 开启服务模板1
[AC-wlan-st-1] quit
```

⑥ 配置射频接口并绑定服务模版。

```
# 配置AP 1：创建AP1的模板，名称为ap1，型号名称选择WA2620E-AGN，并配置AP 1的序列号
[AC] wlan ap ap1 model WA2620E-AGN
[AC-wlan-ap-ap1] serial-id 21023529G007C000020
[AC-wlan-ap-ap1] radio 2
# 将服务模板1绑定到AP 1的radio 2口
[AC-wlan-ap-ap1-radio-2] service-template1
[AC-wlan-ap-ap1-radio-2] radio enable
[AC-wlan-ap-ap1-radio-2] quit
[AC-wlan-ap-ap1] quit
# 配置AP 2：创建AP2的模板，名称为ap2，型号名称选择WA2620E-AGN，并配置AP 2的序列号
[AC] wlan ap ap2 model WA2620E-AGN
[AC-wlan-ap-ap2] serial-id 21023529G007C000021
[AC-wlan-ap-ap2] radio 2
# 将服务模板1绑定到AP 2的radio 2口
[AC-wlan-ap-ap2-radio-2] service-template1
[AC-wlan-ap-ap2-radio-2] radio enable
[AC-wlan-ap-ap2] quit
```

（3）交换机 Switch 的配置

```
# 创建VLAN 100，用于转发AC和AP间隧道内的流量
<Switch> system-view
[Switch] vlan 100
[Switch-vlan100] quit
# 配置Switch的GigabitEthernet1/0/1接口的属性为Trunk，当前Trunk口的PVID为100，
允许VLAN 100通过
[Switch] interfaceGigabitEthernet1/0/1
[Switch-GigabitEthernet1/0/1] port link-type trunk
[Switch-GigabitEthernet1/0/1] port trunk permit vlan 100
[Switch-GigabitEthernet1/0/1] port trunk pvid vlan 100
[Switch-GigabitEthernet1/0/1] quit
# 配置Switch与AP相连的GigabitEthernet1/0/2接口属性为Access，并允许VLAN 100通过
[Switch] interfaceGigabitEthernet1/0/2
[Switch-GigabitEthernet1/0/2] port link-type access
[Switch-GigabitEthernet1/0/2] port access vlan 100
# 使能PoE功能
[Switch-GigabitEthernet1/0/2] poe enable
[Switch-GigabitEthernet1/0/2] quit
```

三、单台 AC 设备内三层漫游

1. 单台 AC 设备内三层漫游过程

三层漫游是用户终端 STA 在不同的子网间漫游，即漫游经过的 AP 设备分布在不同业务 VLAN 中。

图 9-11 所示为单台 AC 内三层漫游场景，其中 AP1 和 AP2 分别部署在 VLAN100 和 VLAN200 中。

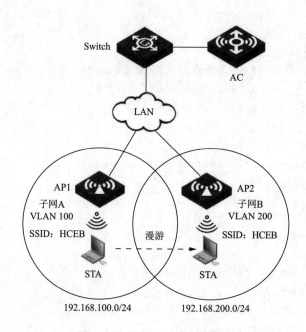

图 9-11　单台 AC 内三层漫游

单台 AC 内三层漫游过程主要包括以下几个步骤：

步骤 1　无线终端 STA 通过 AP1（属于 VLAN 100）申请同 AC 发生关联，AC 判断该 STA 为首次接入用户，为其创建并保存相关的用户数据信息，以备将来漫游时使用。

步骤 2　该 STA 从 AP1 覆盖区域向 AP2（属于 VLAN 200）覆盖区域移动；STA 通过 AP2 重新同 AC 发生关联，AC 通过用户数据信息判断该 STA 为漫游用户，更新用户数据库信息。

步骤 3　STA 断开同 AP1 的关联。尽管漫游前后不在同一个子网，但是漫游后 AC 仍然把 STA 视为从原始子网（VLAN 100）连接过来，且 STA 的 IP 地址保持不变，从而保证用户在不同 VLAN 间漫游时业务不中断。

2. 配置单台 AC 设备内三层漫游

如图 9-12 所示，AC 在 VLAN 100 内，AP1 在 VLAN 2 内，AP2 在 VLAN 3 内，Client 和 AP 通过 DHCP Server 获取 IP 地址。要求：无线客户端先通过 AP1 连接至无线网络，然后漫游到与同一 AC 相连的 AP2 上。

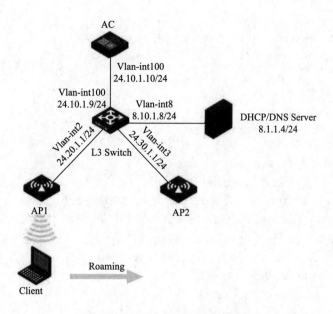

图 9-12　配置单台 AC 内三层漫游

（1）配置思路

① 为了实现 AC 内漫游，需要为各 AP 配置相同的 SSID，同时要为各 AP 绑定相同的服务模板。

② 由于无线客户端在跨 VLAN 漫游过程中需要通过 MAC VLAN 表项强制保持自身的 VLAN 不变，所以需要开启 MAC-VLAN 功能。

（2）AC 的配置

① 网络基本配置。

```
# 配置AC的默认路由
<AC> system-view
[AC] ip route-static 0.0.0.0 0 24.10.1.9
```

② 配置 AC 的接口。

```
# 创建VLAN 100及其对应的VLAN接口，并为该接口配置IP地址。AC将使用该接口的IP地址与
AP建立隧道。同时VLAN 100也作为WLAN-ESS接口的默认VLAN
[AC] vlan 100
[AC-vlan100] quit
[AC] interface vlan-interface 100
[AC-Vlan-interface100] ip address 24.10.1.10 24
[AC-Vlan-interface100] quit
# 配置二层GigabitEthernet1/0/1接口以及其对应的成员端口的链路类型为trunk，当前
trunk口的PVID为100，允许VLAN 100（AC和AP间建立隧道的VLAN）通过
[AC] interface GigabitEthernet1/0/1
[AC-GigabitEthernet1/0/1] port link-type trunk
```

```
[AC-GigabitEthernet1/0/1] port trunk permit vlan 100
[AC-GigabitEthernet1/0/1] quit
```

③ 配置无线服务。

```
# 创建接口WLAN-ESS 1并进入其视图
[AC] interface wlan-ess 1
# 配置端口的链路类型为Hybrid
[AC-WLAN-ESS1] port link-type hybrid
# 配置当前Hybrid端口的PVID为100，禁止VLAN 1通过并允许VLAN 100不带tag通过
[AC-WLAN-ESS1] undo port hybrid vlan 1
[AC-WLAN-ESS1] port hybrid pvid vlan 100
[AC-WLAN-ESS1] port hybrid vlan 100 untagged
# 在Hybrid端口上使能MAC-VLAN功能
[AC-WLAN-ESS1] mac-vlan enable
[AC-WLAN-ESS1] quit
# 创建clear类型的服务模板1
[AC] wlan service-template 1 clear
# 配置当前服务模板的SSID为service1
[AC-wlan-st-1] ssid service1
# 将WLAN-ESS1接口绑定到服务模板1
[AC-wlan-st-1] bind wlan-ess 1
# 使能服务模板
[AC-wlan-st-1] service-template enable
[AC-wlan-st-1] quit
```

④ 配置射频接口并绑定服务模板。

```
# 在AC上配置AP名称为ap1，型号名称选择WA2620E-AGN，并配置序列号
[AC] wlan ap ap1 model WA2620E-AGN
[AC-wlan-ap-ap1] serial-id 21023529G007C000020
# 配置ap1的radio 2的射频类型为802.11gn
[AC-wlan-ap-ap1] radio 2 type dot11gn
# 将服务模板1绑定到AP 1的radio 2口
[AC-wlan-ap-ap1-radio-2] service-template 1
[AC-wlan-ap-ap1-radio-2] radio enable
[AC-wlan-ap-ap1-radio-2] quit
[AC-wlan-ap-ap1] quit
# 在AC上配置AP名称为ap2，型号名称选择WA2620E-AGN，并配置序列号
[AC] wlan ap ap2 model WA2620E-AGN
[AC-wlan-ap-ap2] serial-id 21023529G007C000021
# 配置ap2的radio 2的射频类型为802.11gn
[AC-wlan-ap-ap2] radio 2 type dot11gn
```

```
# 将服务模板1绑定到AP 2 的radio 2口
[AC-wlan-ap-ap2-radio-2] service-template 1
[AC-wlan-ap-ap2-radio-2] radio enable
[AC-wlan-ap-ap2-radio-2] quit
[AC-wlan-ap-ap2] quit
```

（3）L3 Switch 的配置。

创建VLAN 2、VLAN 3、VLAN 8和VLAN 100。其中VLAN 2用来接收AP1的报文，VLAN 3用来
接收AP2的报文，VLAN 8用来接收DHCP/DNS server的报文，VLAN 100用于转发AC和AP间隧道内
的流量

```
<Switch> system-view
[Switch] vlan 2
[Switch-vlan2] quit
[Switch] vlan 3
[Switch-vlan3] quit
[Switch] vlan 8
[Switch-vlan8] quit
[Switch] vlan 100
[Switch-vlan100] quit
```

配置Switch与AC相连的GigabitEthernet1/0/1接口的属性为Trunk，当前Trunk口的
PVID为100，允许VLAN 100通过

```
[Switch] interface GigabitEthernet1/0/1
[Switch-GigabitEthernet1/0/1] port link-type trunk
[Switch-GigabitEthernet1/0/1] port trunk permit vlan 100
[Switch-GigabitEthernet1/0/1] port trunk pvid vlan 100
[Switch-GigabitEthernet1/0/1] quit
```

配置Switch与AP1相连的GigabitEthernet1/0/2接口属性为Trunk，并允许VLAN 2和
VLAN 100通过

```
[Switch] interface GigabitEthernet1/0/2
[Switch-GigabitEthernet1/0/2] port link-type trunk
[Switch-GigabitEthernet1/0/2] port trunk permit vlan 2 100
[Switch-GigabitEthernet1/0/2] port trunk pvid vlan 2
```

使能PoE功能

```
[Switch-GigabitEthernet1/0/2] poe enable
[Switch-GigabitEthernet1/0/2] quit
```

配置Switch与AP2相连的GigabitEthernet1/0/3接口属性为Trunk，并允许VLAN 3和
VLAN 100通过

```
[Switch] interface GigabitEthernet1/0/3
[Switch-GigabitEthernet1/0/3] port link-type trunk
[Switch-GigabitEthernet1/0/3] port trunk permit vlan 3 100
[Switch-GigabitEthernet1/0/3] port trunk pvid vlan 3
```

使能PoE功能

```
[Switch-GigabitEthernet1/0/3] poe enable
[Switch-GigabitEthernet1/0/3] quit
```
配置Switch与DHCP/DNS server相连的GigabitEthernet1/0/4接口属性为Trunk，并允许VLAN 8和VLAN 100通过
```
[Switch] interface GigabitEthernet1/0/4
[Switch-GigabitEthernet1/0/4] port link-type trunk
[Switch-GigabitEthernet1/0/4] port trunk permit vlan 8 100
[Switch-GigabitEthernet1/0/3] port trunk pvid vlan 8
[Switch-GigabitEthernet1/0/4] quit
```
配置各VLAN接口的IP地址
```
[Switch] interface vlan-interface 2
[Switch-Vlan-interface2] ip address 24.20.1.1 255.255.255.0
[Switch-Vlan-interface2] quit
[Switch] interface vlan-interface 3
[Switch-Vlan-interface3] ip address 24.30.1.1 255.255.255.0
[Switch-Vlan-interface3] quit
[Switch] interface vlan-interface 8
[Switch-Vlan-interface8] ip address 8.10.1.8 255.255.255.0
[Switch-Vlan-interface8] quit
[Switch] interface vlan-interface 100
[Switch-Vlan-interface100] ip address 24.10.1.10 255.255.255.0
[Switch-Vlan-interface100] quit
```

四、多台 AC 设备之间二层漫游

图9-13所示为多台AC之间二层漫游场景，多台AC之间形成热备，AP1归属AC1管理，AP2归属AC2管理，无线终端STA漫游前后所关联的AP1及AP2都在VLAN X中。

多台AC设备之间的二层漫游过程如下：

步骤1　无线终端STA通过AP1（VLAN X）申请与AC1发生关联。AC1判断该无线终端STA为首次接入用户，为其创建并保存相关用户数据信息，以备将来漫游时使用。

步骤2　无线终端STA从AP1覆盖区域向AP2覆盖区域移动，STA断开同AP1关联，漫游到AP2设备覆盖区域。AP2（VLAN X）归属AC2管理。

步骤3　无线终端STA申请与AC2发生关联，AC2向其他AC通告该STA的信息，AC1收到消息后，将漫游用户的信息同步给AC2。

步骤4　在无线终端STA的IP地址不变情况下，跨AC的二层漫游最终数据仍通过AC1设备转发。从STA发出的数据先发到AC2，再由AC2通过隧道传送到AC1设备，最后由AC1设备进行转发。发回至无线终端STA的数据报文也会先送到AC1设备，再由AC1设备通过隧道传送到AC2设备，由AC2设备转发给无线终端STA。

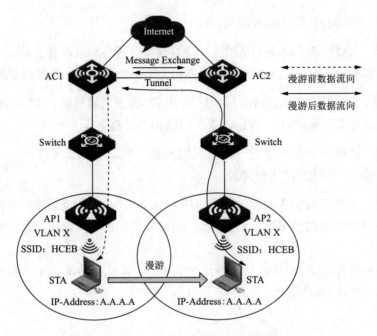

图 9-13 多台 AC 设备之间二层漫游

五、多台 AC 设备之间三层漫游

图9-14所示为多台AC之间三层漫游场景，多台AC之间形成热备，AP1归属AC1管理，AP2归属AC2管理，无线终端STA漫游前后所关联的AP1和AP2分别部署在VLAN X和VLAN Y中。

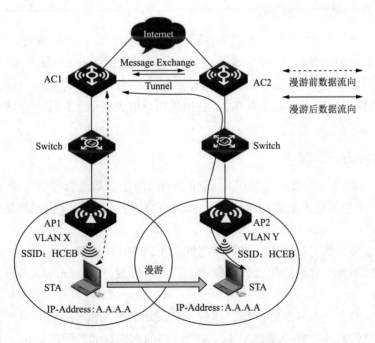

图 9-14 多台 AC 设备之间三层漫游

多台AC设备之间的三层漫游过程如下：

步骤1 无线终端STA通过AP1（VLAN X）申请与AC1发生关联。AC1判断该无线终端STA为首次接入用户，为其创建并保存相关用户数据信息，以备将来漫游时使用。

步骤2 无线终端STA从AP1覆盖区域向AP2覆盖区域移动，STA断开同AP1关联，漫游到AP2设备覆盖区域。AP2（VLAN Y）归属AC2管理。

步骤3 无线终端STA申请与AC2发生关联，AC2判断出该STA为一个漫游用户，AC1将漫游终端用户的信息同步到AC2。

步骤4 无线终端STA在漫游前后，需要在不同AC之间漫游跨越不同子网，在保持STA设备IP地址不变的情况下，跨越不同AC设备之间的三层漫游，其最终数据仍通过AC1设备来转发。

注： 在不同的AC之间实现三层漫游，为了确保报文正确转发，AC1和AC2设备上都必须创建VLAN X和VLAN Y。

任务三 了解 FIT AP 之间的负载均衡

部署在同一无线网络覆盖区域内的多台AP设备，信号相互覆盖，如果多台AP都属于同一组，且配置同一个SSID无线信号，由于无线终端用户接入都是随机在，因此有可能会出现某台AP设备负载较重的现象，造成无线网络利用率较差、用户的体验效果差的情况。

一、FIT AP 间的负载均衡

无线控制器可以设定AP间对关联用户进行负载分担，负载分担的策略可以是基于AP接入的用户数，也可以是基于AP流量负载分担。当无线控制器AC发现AP的负载超过设定的门限值以后，对于新接入的用户，无线控制器AC会自动计算此用户周围是否还有负载较轻的AP可供用户接入，如果有则AP会拒绝用户的关联请求，用户会转而接入其他负载较轻的AP。

二、负载均衡的原理

FIT AP之间的负载均衡主要通过Session和Gap两个参数进行控制。Session是负载均衡阈值，判断AP是否进入负载均衡状态。Gap是负载均衡差值，判断AP是否需要拒绝无线客户端接入。

下面以基于用户数的方式介绍FIT AP之间的负载均衡的原理。

例如：AP1和AP2之间启用负载均衡功能，具体参数为Session=4、Gap=1，如图9-15所示。

假设最初AP1上连接4个客户端，达到了负载均衡的阈值Session=4，进入了负载均衡状态；而AP2没有连接客户端，AP1与AP2连接的客户端的差值为4-0=4>Gap(1)，所以

AP1此时将拒绝新客户端的接入。

第5个客户端将连接到AP2上，如图9-16所示。

AP1 Session:　　　　AP2 Session:　　　　　　AP1 Session:　　　　AP2 Session:
*client 1　　　　　　Total: 0　　　　　　　　*client 1　　　　　　*client5
*client 2　　　　　　　　　　　　　　　　　*client 2　　　　　　Total: 1
*client 3　　　　　　　　　　　　　　　　　*client 3
*client4　　　　　　　　　　　　　　　　　*client4
Total: 4　　　　　　　　　　　　　　　　　Total: 4

图9-15　AP1和AP2负载均衡参数1　　　　图9-16　AP1和AP2负载均衡参数2

此时，AP1的用户数量≥4，AP间用户数量的差值为4-1=3＞Gap(1)，AP1仍然处于负载均衡状态，拒绝新用户的接入。

第6～8个客户端将连接到AP2上，如图9-17所示。

AP1的用户数量≥Session 4，AP2的用户数量≥Session 4，AP1和AP2都进入负载均衡状态；但此时AP间用户数量的差值4-4=0＜Gap(1)，AP1和AP2都不会拒绝新用户的接入。

AP1 Session：　　　AP2 Session
*client 1　　　　　　*client 5
*client 2　　　　　　*client 6
*client 3　　　　　　*client 7
*client 4　　　　　　*client 8
Total: 4　　　　　　Total: 4

AP1 Session：　　　AP2 Session
*client 1　　　　　　*client 5
*client 2　　　　　　*client 6
*client 3　　　　　　*client 7
*client 4　　　　　　*client 8
Total：4　　　　　　*client 9
　　　　　　　　　　Total：5

图9-17　AP1和AP2负载均衡参数3　　　　图9-18　AP1和AP2负载均衡参数4

如图9-18所示，假如*client 9随机连接上了AP2，AP1的用户数量≥Session 4，AP2的用户数量≥Session 4，AP1和AP2都进入负载均衡状态；但AP间用户数量的差值5-4=1=Gap(1)，所以此时AP2将拒绝新用户的接入。

任务四　掌握 AC 之间热备份

一、控制 FIT AP 接入 AC 顺序

通过在无线控制器上配置优先级来控制FIT AP接入无线控制器的顺序，主要命令行如下：

```
[AC-wlan-ap-apname]priority level priority
```

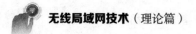

默认情况下，AP连接优先级为4。

该特性可以控制部分的AP优先接入AC1，而另外一些AP优先接入AC2。例如以下配置可实现AP1优先接入AC1。

步骤1　AC1上配置AP的静态模板。

```
[AC1] WLAN ap ap1 model wa2100
[AC1-wlan-ap-ap1]serial-id H3CFITAP
[AC1-wlan-ap-ap1]priority level 6
```

步骤2　AC2上配置AP的静态模板。

```
[AC1] WLAN ap ap1 model wa2100
[AC1-wlan-ap-ap1]serial-id H3CFITAP
```

使用该特性时，由于对于一个AP（如AP1）的两个控制器的接入优先级不同，所以不会动态实现负载分担功能，只有依靠人为的AP优先级划分实现控制器之间的均衡。如果AP上线的时候，高优先级的控制器不正常，AP将会注册到低优先级的控制上，而且会始终使用该低优先级控制器，除非链路断开，AP重新选择控制器连接。在这种特性的组网中，如果出现控制器异常重起，有可能造成AC上接入AP的数量不均衡。

二、无线控制器1+1热备份

通过在无线控制器AC上AP视图下配置备份AC，可以实现FIT AP分别在主、备AC建立主隧道和备份隧道，实现两台AC的热备份。其配置命令如下：

```
Backup-ac { ip ipv4-address| ipv6 ipv6-address}
```

参数含义如下：

ip ipv4-address：指定备份AC的IPv4地址。

ipv6 ipv6-address：指定备份AC的IPv6地址。

示例：在AC1和AC2上实现AP1的热备份，配置步骤如下：

步骤1　在AC1上配置AP的静态模板。

```
[AC1] WLAN ap ap1 model wa5300
[AC1-wlan-ap-ap1]serial-id H3CFITAP
[AC1-wlan-ap-ap1]priority level 6
```

步骤2　在AC2上配置AP的静态模板。

```
[AC2] WLAN ap ap1 model wa5300
[AC2-wlan-ap-ap1]serial-id H3CFITAP
```

👆步骤3　在AC1上AP视图下配置其Backup AC为AC2。

```
[AC1] backup-ac ip AC2-ip address
```

👆步骤4　在AC2上AP视图下配置其Backup AC为AC1。

```
[AC2] backup-ac ip AC1-ip address
```

无线控制器AC1和AC2启动互为备份时，先根据AP接入优先级情况选择AC1或AC2，之后才根据获取的备份AC建立备份链路。网络中AP总量应为AC1和AC2的最小支持规格，否则可能会出现备份链路建立不成功，或者当AC1出现的异常的时候，部分AP无法注册到AC2的问题。

三、无线控制器 *N*+1 热备份

在使用该特性时，网络中有*N*台正常的主无线控制器（AC1、AC2、AC3、……、AC*N*）提供WLAN服务，另外一台无线控制器ACB作为备份，只有当主AC出现问题后，备份AC才提供服务，而且主AC恢复后所有的AP又会切回到主AC。

整个网络的所有AP都要在备份AC上进行配置，且要指定其主AC。

如果AP开机时，主无线控制器还没有工作正常，AP也会连接到备份AC上，而在连接备份AP过程中，AP会获取主AC的信息，从此将不断地尝试连接主AC。当连接主AC成功时，AP会发现其在主AC上的优先级为最高优先级，AP会断开与原来备份AC的连接，使用首选AC（主无线控制器）连接。

无线控制器*N*+1备份的主要命令如下：

```
[AC-wlan-ap-apname] backup-ac {IP ipv4-address|IPv6 ipv6-address}
```

其参数含义如下：

Ipv4-address：指定备份无线控制器的IPv4地址。

Ipv6-address：指定备份无线控制器的IPv4地址。

示例：在AC1、AC2、AC3及ACB上可实现对AP1、AP2、AP3的3+1备份，其中AP1的主AC为AC1，AP2的主AC为AC2，AP3的主AC为AC3，ACB作为AC1、AC2、AC3的备份AC。

其典型配置如下：

👆步骤1　无线控制器AC1上配置AP的静态模板。

```
[AC1]wlan ap ap1 model wa5300
[AC1-wlan-ap-ap1]serial-id H3CFITAP1
[AC1-wlan-ap-ap1]wlan tunnel-preempt enable    #用来开启CAPWAP主隧道抢占功能
[AC1-wlan-ap-ap1]priority level 7
[AC1-wlan-ap-ap1]backup-ac ip ACB-ip
```

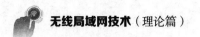

步骤2 无线控制器AC2上配置AP的静态模板。

```
[AC2]wlan ap ap2 model wa5300
[AC2-wlan-ap-ap2]serial-id H3CFITAP2
[AC2-wlan-ap-ap2]wlan tunnel-preempt enable    #用来开启CAPWAP主隧道抢占功能
[AC2-wlan-ap-ap2]priority level 7
[AC2-wlan-ap-ap2]backup-ac ip ACB-ip
```

步骤3 无线控制器AC3上配置AP的静态模板。

```
[AC3]wlan ap ap3 model wa5300
[AC3-wlan-ap-ap3]serial-id H3CFITAP2
[AC3-wlan-ap-ap3]wlan tunnel-preempt enable    #用来开启CAPWAP主隧道抢占功能
[AC3-wlan-ap-ap3]priority level 7
[AC3-wlan-ap-ap3]backup-ac ip ACB-ip
```

步骤4 无线控制器ACB上配置AP的静态模板。

```
[ACB]wlan ap ap1 model wa5300
[ACB-wlan-ap-ap1]serial-id H3CFITAP1
[ACB-wlan-ap-ap1]backup-ac ip AC1-ip
[ACB]wlan ap ap2 model wa5300
[ACB-wlan-ap-ap2]serial-id H3CFITAP2
[ACB-wlan-ap-ap1]backup-ac ip AC2-ip
[ACB]wlan ap ap3 model wa5300
[ACB-wlan-ap-ap3]serial-id H3CFITAP3
[ACB-wlan-ap-ap3]backup-ac ip AC3-ip
```

说明：① 主AC配置该无线控制器要管理的AP信息，而且作为这些AP的首选控制器。
② 备份AC配置所有控制器需要管理的AP，并且根据AP指定对应的首选控制器。
③ AP1首选接入AC1；AP2首选接入AC2；AP3首选接入AC3。

项 目 小 结

本项目主要介绍FAT AP的高级特性与配置、无线漫游技术、FIT AP间的负载均衡、AC之间热备份等内容。

项 目 测 试

1.（单选题）在AP1和AP2之间启用基于用户数量的负载均衡功能，具体参数为

Session = 5、Gap = 2，以下情况，（　　　）是正确的。

假设 AP1 上连接 6 个客户端，而 AP2 连接 4 个客户端，此时 AP1_____拒绝新客户端接入，AP2_____拒绝新客户端接入。

当 AP1 上连接 6 个客户端，而 AP2 连接 5 客户端，此时 AP1_____拒绝新客户端接入，AP2_____拒绝新客户端接入。

A. 会；不会；不会；不会　　　　　B. 不会；不会；会；不会

C. 不会；不会；不会；不会　　　　D. 会；不会；会；不会

2.（单选题）FAT AP 可利用黑白名单功能实现用户访问控制，如果一个客户端的 MAC 地址既在黑名单上，也在白名单上，那么（　　　）。

A. 此客户端将不能成功接入 AP，因为实际用户接入时，其 MAC 地址会先经过白名单过滤，再经过黑名单的过滤

B. 此客户端将不能成功接入 AP，因为实际用户接入时，其 MAC 地址会先经过黑名单的过滤

C. 此客户端将可以成功接入 AP，因为只有在白名单上的用户 MAC 地址为合法 MAC 地址

D. 此客户端将可以成功接入 AP，因为只有在黑名单上的用户 MAC 地址为合法 MAC 地址

3. 如图 9-19 所示，假设整网路由可达，AC1 管理 IP 地址为 192.168.10.1；AC2 管理 IP 地址为 192.168.10.2。FIT AP 与 AC1、AC2 之间通过三层网络连接，通过 Option 43 方式完成 FIT AP 注册。FIT AP 序列号为 H3CFITAP，型号为 WA2110-AG。

AC1 上的部分配置为：

```
[AC1]wlan ap ap1 model WA2100
[AC1-wlan-ap-ap1]serial-id H3CFITAP
[AC1-wlan-ap-ap1]priority level 7
[AC1]wlan backup-ac 192.168.10.2
```

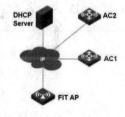

图 9-19　第 3 题图

AC2 上的部分配置为：

```
[AC2]wlan ap ap1 model WA2100
[AC2-wlan-ap-ap1]serial-id H3CFITAP
[AC2]wlan backup-ac 192.168.10.1
```

（填空题）问题（1）：在 DHCP Sever 中向 FIT AP 动态下发 IP 地址，请将需要下发的 Option 43 选项

填写完整（注意：要求同时下发 AC1 和 AC2 的 IP 地址）。

80____ ____00 00 ____ ____ ____ ____ ____ ____ ____ ____

（单选题）问题（2）：正常情况下，FIT AP 首次注册时会与（　　　）建立 LWAPP 主隧道。

A. AC1　　　　　　　　　　　　B. AC2

（单选题）问题（3）：当主 AC 宕机后，FIT AP 会切换到备份 AC，与备份 AC 建立主隧道，如果主 AC 再恢复后，FIT AP（　　）切换回主 AC，与主 AC 建立主隧道。

    A. 会　　　　　　　　　　B. 不会

4.（单选题）终端在不同 VLAN 内的漫游属于（　　）。

    A. 无缝的 AP 漫游　　　　　B. 二层漫游

    C. 三层漫游　　　　　　　　D. 四层漫游

5.（单选题）以下选项中，（　　）不是漫游的主要目的。

    A. 避免漫游过程中的认证时间过长导致丢包甚至业务中断

    B. 保证用户授权信息不变

    C. 保证用户 IP 地址不变

    D. 保证用户网络速率不变

6.（多选题）用户能够实现三层漫游的前提条件是（　　）。

    A. 用户漫游切换的两个 AP 必须具有相同的 SSID

    B. 用户漫游切换的两个 AP 必须具有相同的 VLAN

    C. 用户漫游要求两个 AP 信号覆盖有重叠区域

    D. 用户漫游切换的两个 AP 释放的 SSID 必须要有相同的认证方式

7.（单选题）下面关于双链路备份组网中，描述不正确的是（　　）。

    A. 双链路备份技术在网络重要节点提高了网络可靠性，保证了业务稳定

    B. 备 AC 要一直处于上电状态

    C. 在 AP 与主、备 AC 建立主、备链路的过程中，先建立的链路一定为主链路

    D. 主、备 AC 上的网络业务配置要保持一致

8.（多选题）关于无线客户端在多台 H3C 无线控制器间漫游，说法正确的是（　　）。

    A. 要实现多台无线控制器间的漫游，需要将多台无线控制器配置到同一个漫游组，无线控制器间将自动协商并建立 IACTP 隧道，作为无线控制器间的基础

    B. 一个无线终端首次与某个无线控制器进行关联后，该无线控制器即为该终端的 HA（Home Agent，家乡代理）。漫游发生后，新关联的控制器为该终端的 FA（Foreign Agent，外地代理）

    C. 当用户第一次关联到漫游组内的任何一个 AC（HA）时，终端会获得服务。此后，终端的授权信息被 HA 同步给漫游组内的其他 AC

    D. 当漫游发生后，用户新接入的 AC 将成为该用户的 FA。当在发生漫游时，用户的 HA 保持不变，FA 更换为最新一次接入的 AC

    E. 当用户下线，FA 将通知 HA，由 HA 通知漫游组内其他 AC 用户下线

9.（单选题）无线终端是否漫游，取决于客户端驱动的裁决机制，对于 Intel 无线网卡，当把"漫游主动性"置为（　　）时，无线客户端将不再敏感切换，只有当链接质量下降才切换到另一接入点。

    A. 最低值　　　B. 默认值　　　C. 最高值　　　D. 禁用

10.（多选题）双链路备份组网中，AP 会根据什么区分主用 AC 和备用 AC 的（　　）。

    A. 优先级　　　B. AC 的 IP 地址　　C. AC 负载情况　　D. AC 响应 AP 的先后时间

项目十

实施无线局域网地勘

项目场景

某会展中心应参展活动需求，需要搭建无线网络环境以便支持即将开始的会展活动。展会区域为 5 000 m² 的开阔空间，分为两个展区，展会人流量预计为 300 人/小时，接入密度较大。同时，展会还提供无线视频直播服务，该应用对 AP 的吞吐性能有较高要求，为此，主办单位决定在参展区域使用无线网络进行网络覆盖，某网络公司派小勘工程师到会展中心现场进行勘测，确定 AP 点位位置。

知识目标

- 掌握无线地勘的定义。
- 了解无线地勘的流程。

技能目标

- 掌握无线地勘系统的使用。
- 掌握无线地勘项目的实施。

任务一　　了解无线局域网地勘

一、无线地勘概述

1. 什么是无线地勘

无线地勘指根据客户应用需求，完成指定区域无线网络的勘测及设计，明确无线网络部署方式、安装点位及所需的设备型号物料清单，为后续无线网络实施工作提供准确说明及依据。

2. 为什么要做地勘

我们知道无线网络与有线网络不同，无线信号是通过电磁波传输，传输媒介为自由空间，无线缆束缚，使用很便捷，但也正因为这个特性，使得无线网络不容易把控，容易受到很多因素的制约，如信号衰减、同频干扰、多径等，这些因素都可能会导致无线用户体验受到影响。为此，在无线网络搭建前期，需要通过专业的无线地勘进行合理的规划设计，来确保无线网络的性能及用户体验。

二、无线地勘流程

地勘工作流程分为前、中、后三个阶段，地勘前期的阶段主要是准备工作，地勘中期的阶段主要是对无线信号覆盖可能会遇到的风险的定义及排除，最后一个阶段主要是把前、中期所形成的资料整合输出，比如地勘布点方案、设备清单等。

1. 无线地勘前期准备

（1）了解客户需求

① 明确无线网络覆盖区域（常规覆盖区域及 VIP 区域）。

② 明确无线终端类型应用需求（各区域的终端及应用类型）。

③ 明确无线网络部署的特殊限制或要求（如施工方面的限制，交换机安装位置，是否允许安装？）

（2）获取需要无线覆盖的建筑平面图

在做无线地勘前需要提前向客户索要建筑平面图，获得建筑平面图有以下途径：

① 向基建等部门获取电子建筑平面图（一般为 VSD 或 CAD 格式）。

② 向信息化等部门获取图片格式的建筑平面图。

③ 向档案中心等部门获取纸质建筑平面图纸。

④ 找到楼层消防疏散图，消防疏散图用于标注楼层的消防通道，其一般粘贴于楼层最明显的位置，在没有找到建筑平面图情况下，可以拍照，然后在它的基础上进行建筑平面图的绘制。

⑤ 手绘草图。若以上几种都没有，只能到客户现场测绘，现场测绘需要准备好激光测距仪、卷尺、笔、纸等工具。

通常，获得的建筑平面图都需要进一步处理成适合网络工程使用的图纸，网络工程图纸特点如下：

① 建筑平面图需要完整的标尺标注，精确度在 20 cm 内。

② 需要绘制完整的墙、窗户、门、柱子、消防管等影响无线覆盖和综合布线工程有关的建筑物。

③ 必要时，还需要标注建筑物吊顶、弱电井、弱电间、原有弱电布线情况。

④ 可以不绘制桌椅、楼梯、卫生间等与网络工程无关的建筑物。

（3）评估无线接入用户的数量和吞吐量

在评估无线接入用户的数量时，一般以场景满载时人数的 60%～70%（经验值）进行估算，工程师基于大量的工程经验针对以下不同场景提出了计算方法：

① 基于座位：即座位数为满载的人数。

② 基于床位：满载即为床位数量的2倍。

③ 其他场景：高峰时期该场景所能容纳的人数。

用户无线上网的吞吐量参见表10-1。

表 10-1　各种应用的流量

应 用 名 称	单个客户流量
网页流量	512 kbit/s
网络游戏（网页游戏）	40 kbit/s
网络游戏	80～130 kbit/s
在线音乐（普通音乐）	300 kbit/s
P2P相关应用（下载）	320 kbit/s
P2P流媒体	200 kbit/s
视频分享	250 kbit/s
视频服务（标清）	1 Mbit/s
视频服务（高清）	2 Mbit/s以上

（4）AP选型

在获得用户的无线接入数量、无线应用需求和无线覆盖目标的建筑平面图后，首先我们可以根据用户建筑环境特点和自身预算，确定AP产品类型。如果预算紧张，则可以使用智分型，或者一个墙面型AP覆盖两个房间，或者在走廊放置1～3个放装型AP，覆盖整个楼层。

选定AP产品类型后，再根据用户接入数量和吞吐量要求选择AP产品型号和数量。

（5）点位设计与信道规划

使用无线地勘系统进行AP点位设计及信道规划，包含以下几个步骤：

① 创建无线工程。

② 导入建筑图纸。

③ 根据场景和用户需求选择合适的产品（已在第（4）点完成）。

④ 根据现场和需求调研情况，进行AP点位设计。

⑤ 通过信号模拟仿真（按信号强度），调整优化AP位置，实现重点区域无线高质量覆盖。

⑥ AP信道规划，并通过信号模拟仿真（按信道冲突），调整AP信道和功率，实现高质量无线覆盖。

无线信号2.4 GHz带宽低，电磁波传输距离远，穿透障碍物能力较强，5.8 GHz带宽高，但传输距离近且穿透能力较差。以2.4 GHz电磁波为例，它对于各种建筑材质的穿透损耗的经验值如下：

• 墙（砖墙厚度100-300 mm）：20～40 dB。

• 楼层：30 dB以上。

• 木制家具、门和其他木板隔墙阻挡：2-15 dB。

• 厚玻璃（12 mm）：10 dB。

（6）准备勘测工具

① 地勘借用AP（尽可能是后续下单的型号）。

② 大容量移动电源。

③ AP固定支架。

④ Wi-Fi信号扫描终端（Wi-Fi分析仪手机或Inssider笔记本）。

⑤ 初步点位图纸（纸质）。

⑥ 笔（红笔）。

（7）客户现场人员

① 地勘测试人员（推荐）2人。

② 客户随堪人员。

2．无线地勘中期

地勘中期是现场实地勘察，通过对现场环境的观察，结合我们无线环境的各类要求进行风险评估，并以满足客户需求的前提进行最优的AP点位确认。

（1）无线信号覆盖风险评估

无线信号覆盖风险即AP部署后，WLAN射频信号强度可能无法满足客户应用。覆盖风险会严重影响用户的业务和体验，所以在地勘阶段，应确保重点区域的无线信号覆盖质量。

如果用户单位未给出无线覆盖信号强度的具体要求，工程师可以根据表10-2中的信号强度进行规划设计。

表10-2　不同类型的客户重点覆盖区域信号强度指标

序　号	客户类型	信号强度指标/dBm	说　明
1	运营商、教育行业	-75	-75 dBm对于手机用户来说，视频体验并不会太好
2	政府、金融行业	-70	实时性要求高，无线质量要求高
3	医疗行业	-65	PDA设备对信号要求高

覆盖风险案例：某大学宿舍，由于AP安装在天花板上，而天花板离房间门太高，信号无法穿透到房间，导致房间内的信号强度低于-70 dBm，所有学生都只能到走廊上网。

以上案例解决办法：将AP使用壁挂天线安装在墙壁上，这样宿舍信号强度高于-65 dBm，学生上网就正常了。如图10-1所示，壁挂安装后，信号能够直射到房间内，而在天花板安装时，信号只能反射到房间内或者穿透上方的钢筋混凝土墙，带来极大损耗。

（2）无线网络带点数风险评估

无线网络带点数风险主要评估AP携带无线终端STA客户数量是否超过要求。带点数显示了无线AP接入用户的数量，安装在无线网络中的AP设备都基于共享通信，接入用户数量越多，分配给每一台终端的带宽就越低。如果AP接入用户的

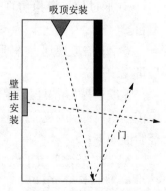

图 10-1　覆盖风险案例

数量过载，则可以导致STA接入速率较低，出现丢包率较高的现象，导致客户的无线体验感觉较差。

不同类别和应用所允许最大的带点数量如表10-3所示。

表10-3　不同类别和应用所允许最大的带点数量

编　　号	分　　类	应 用 类 型	允许最大的带点数量
1	单Radio人数超标	视频、游戏、下载等大流量应用模式	20
2		网面浏览、掌上应用程序等小流量应用模式	30
3		关联用户较多，但实际使用的用户较少的场景	64
4	单房间内人数超标（比如学校图书馆、会议室等场所）	掌上移动终端为重要接入终端	同时并发终端不超过180台

无线网络带点数风险的常见解决方案如下：

① AP覆盖范围内的带点数在业务高峰期可能会超过AP上限，导致STA上网拥塞。这种情况下，如果预算允许，可通过增加AP数量解决。如果预算紧缺，则可以通过限制AP接入上限解决。

② AP覆盖范围内的STA客户端用户无法统计，仅根据经验值进行部署，这可能会导致AP接入用户数过载。在这种情况下，可以通过限制AP接入上限解决。

带点数风险案例：某学校安装在教室的AP，1个AP覆盖6个教室，信号强度满足要求，但很多用户自动关联AP，使用AP的带点数超过64个，此时想上网的新用户就无法关联了。

以上案例解决方法：通过增加AP数量，保证每个AP管理的教室数不超过3个，所有人都能上网。

（3）无线网络未知终端STA风险评估

客户使用的特殊功能的智能移动终端设备，不能接入无线AP，如医用的PDA设备，导致无线AP设备无法判断该智能移动终端性能，从而无法判断AP信号覆盖的强度门限。

目前STA推荐的覆盖信号强度门限见表10-4。

表10-4　STA推荐的覆盖信号强度门限

客户端类型	信号强度指标 /dBm
笔记本计算机用户或者非关键应用的手机用户	−75
重要的笔记本计算机用户，少量手机用户	−70
关键应用的手机或者PDA用户	−65

未知终端STA风险案例：某医院使用一小公司自研的PDA，一开始使用−65 dBm作为覆盖指标覆盖，结果发现PDA不能正常工作。经过测试，该PDA只有在−55 dBm的信号强度下才能正常工作。

以上案例解决办法：通过增加AP，改变部署方案的手断，将覆盖信号强度提高到−55 dBm，PDA工作才正常。

（4）无线网络未知应用风险评估

客户的某些应用流量不能确定或者客户的需求不能满足该应用的实现，称为无线网络未知应用风险。有关流量的风险必须在地堪阶段确认，应用的流量见表10-1。

在无线网络地堪需求阶段，如果工程师仅依靠经验评估客户的应用和流量来进行规划，极有可能会导致新建的无线网络无法承载客户的业务应用。即使工程师做了初步调研，但忽略或低估了客户的一些非常应用，若这些应用所需要流量大且持续时间较长，也将会导致新建无线网络无法承载客户业务应用。因此，确认客户业务需求和流量评估非常重要，将未知应用风险降低到最低。

（5）无线网络同频干扰风险评估

AP设备与其他设备工作在相同频段，就会产生同频干扰。同频干扰风险主要存在以下情况：

① AP设备被非WLAN设备干扰时，会导致AP丢包重传，其常见且影响较大的非WLAN设备为微波炉。

② AP设备处检测到的另一台同频AP的信号强度高于-75 dBm，即可认为这两台AP互相同频干扰。同频干扰通常很难避免，会导致双方设备都因为退避而各损失一部分流量。这种情况可通过优化AP频道或调整AP功率降低同频干扰。

同频干扰案例：如图10-2所示，某部门大楼，楼内采用的回字形的部署，走廊都在楼内侧，导致7层楼的40多个AP全部在互相干扰。客户要求很高，限速值很高，速率为3 Mbit/s，只要有一两个人在一个信道进行满速率的下载，就会导致某些客户的STA经常出现少量丢包，无法满足客户的使用要求。

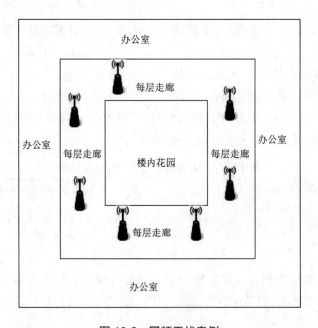

图 10-2　同频干扰案例

同频干扰案例分析：这是一个单AP带点数很少，但是会造成同频干扰风险的案例。主要是同频AP太多（每信道13个左右），以及客户要求高，无法通过限速减少干扰概率等原因造成的。

（6）无线网络隐藏节点风险评估

隐藏节点是由于WLAN系统中的冲突检测与退避机制造成的。冲突检测与退避机制的基础就是两个发送端须能互相"听"到，也就是在对方的覆盖范围之内，如图10-3所示。当两个数据发送端互相"听"不到的时候，这两个数据发送端就成为了隐藏节点，如图10-4所示。

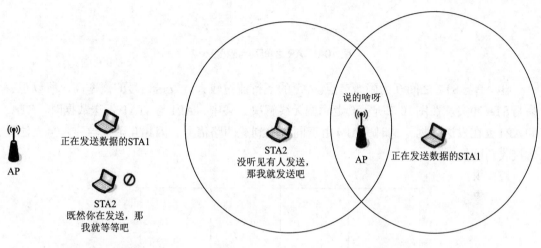

图 10-3　冲突检测与退避机制　　　　　　　　图 10-4　隐藏节点

通常，隐藏节点分为以下三种情形：

① STA之间互为隐藏节点。STA之间互为隐藏节点常见于在AP的部署范围过大的情况，如图10-5所示，两个STA在发送数据时不能侦测到对方是否占用信道，这导致AP会同时收到两个STA的数据包，显然AP收到的是非有效数据（两个STA信号的叠加）。

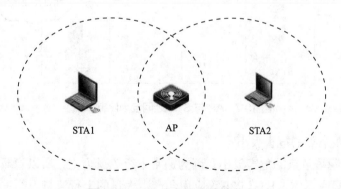

图 10-5　STA之间互为隐藏节点

② AP之间互为隐藏节点。当STA位于两个AP中间时，AP1和AP2同时为STA提供服务时会出现AP互为隐藏节点情况，两个AP互为隐藏节点如图10-6所示。

在实际部署中，STA通常会选择其中一个AP为其提供无线接入服务，当其位于两个AP中间时，通常是STA在移动，且触发了AP漫游情况下发生，所以在实际部署中不太容易出现两个AP互为隐藏节点的情况。

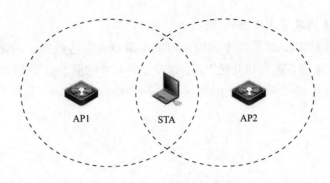

图 10-6　AP 之间互为隐藏节点

　　③ AP 与 STA 之间互为隐藏节点。AP 的下行流量较大，发送信号的概率高，所以很容易与 STA 冲突。在图 10-7 所示的走廊型无线解决方案中，AP1 与 STA1 发送数据时，STA2 和 AP4 也在发送数据，这时，AP4 由于同时收到这两路信号，因相互干扰导致 AP4 无法正常接收到该信号。

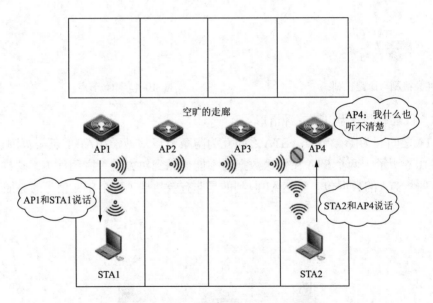

图 10-7　AP 与 STA 之间互为隐藏节点

　　如何判断隐藏节点的危害大小？

　　① STA 互为隐藏节点的危害较小，因为通常下行流量为主，所以隐藏节点发送信号的概率很低。一般只有迅雷、BT、P2P 等应用会产生大量的上行流量，严重时导致网络出现速率降低或者丢包的问题，禁用相关应用不限速是有效的优化手段。

　　② AP 与 STA 互为隐藏节点的危害较大，因为 AP 的下行流量较大，发送信号的概率高，所很容易与 STA 冲突。只有通过限速来控制，而且在带点数较多的情况下效果有限。同频干扰与隐藏节点同时存在，这种情况推荐使用智分方案进行部署。同频干扰与隐藏节点均难以避免，但影响程度并不一定是致命的，高性能需求的网络设计上如果无法避免，请尽量保证网络性能的余量足够大。

3．无线地勘后期

这个阶段主要是完成地勘方案的输出、配置清单的输出以及最后清单的核对确认。

① 无线地勘设计方案输出：无线地勘软件模拟信号覆盖效果输出点位图及热图。

② 无线地勘设备清单输出：根据地勘点位设计方案统计设备型号及物料清单，物料清单需增加20%的冗余。

③ 与客户核对设计方案及清单：与客户就点位设计方案进行沟通核对，确认是否可满足客户需求。最终的设计方案必须是双方达成共识的。

三、典型场景无线设备选型要点

1．人员密集办公室

（1）场景特点

建筑格局：主要分为两种格局，一种是多窗户、通透型；另一种是无窗户，封闭型，窗户在房间里内测。

应用类型：新闻门户网站、视频网址。

终端类型：智能手机及笔记本计算机。

并发数量：通常每个办公室在30人以下，限速4 Mbit/s。

（2）推荐方案

部署方案：针对多窗通透型，采用放装部署方式，每两间办公室中间吸顶安装于横梁上，双边办公室则考虑在对门四间办公室中间安装；针对无窗封闭型，采用面板式AP，每个办公室安装一个。

AP选型：支持802.11a/b/g/n/ac主流放装双频AP、墙面式AP。

供电方案：支持802.11at/af标准PoE的供电交换机。

注意事项：AP吊顶安装时，需考虑吊顶材质，若为无机复合板、石膏板，衰减较小，可安装于吊顶内，若为铝制板，衰减较大，建议吸顶安装于天花上。

2．领导办公室

（1）场景特点

建筑格局：无窗防盗门，部分为套件格局，通常不允许施工，墙体衰减较大。

应用类型：各类应用。

终端类型：智能手机及笔记本计算机。

并发数量：1～2人。

（2）推荐方案

部署方案：AP安装于房间内。

AP选型：面板式AP。

供电方案：支持802.11at/af标准PoE的供电交换机。

注意事项：暂无。

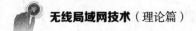

3．大型会议室及礼堂

（1）场景特点

建筑格局：空间非常宽敞、座位密集、数百个座位左右。

应用类型：社交软件QQ、微信、新闻门户网站。

终端类型：智能手机手机居多、少量笔记本计算机。

并发数量：通常按座位数的50%～60%计算，限速2 Mbit/s。

（2）推荐方案

部署方案：放装部署，优先考虑确保信号覆盖，再按照"并发数/50"计算大致需要的AP数，壁挂或吸顶安装均可。

AP选型：支持802.11a／b／g/n/ac主流高密放装AP。

供电方案：支持802.11at／af标准PoE的供电交换机。

注意事项：AP吊顶安装时，需考虑吊顶材质，若为无机复合板、石膏板，衰减较小，可安装于吊顶内，若为铝制板，衰减较大，建议吸顶安装于天花上。

4．室外活动区域

（1）场景特点

建筑格局：空旷、"地广人稀"。

应用类型：社交软件QQ、微信、手机新闻软件。

终端类型：智能手机。

并发数量：并发人数不定，通常以信号连续覆盖为主，实际长时间逗留在该区域上网的人数不多。

（2）推荐方案

部署方案：室外AP安装于楼顶或周边的较高灯杆上，在目标覆盖区域中央与室外AP之间视距内无遮挡物，按照全向天线150 m半径、定向200 m距离、水平波瓣60°参考指标进行覆盖。

AP选型：室外定向或全向大功率AP。

供电方案：802.11at PoE+供电模块。

注意事项：选择定向室外AP安装位置时，尽可能选择相对较高的位置，从上往下覆盖，不易遮挡，且尽可能确保目标覆盖区域中央与室外AP之间视距内无遮挡物，否则覆盖效果大打折扣；全向天线建议安装在覆盖区域中央的抱杆或灯杆上，面板朝下安装，建议高度3～5m为佳。

四、无线复堪

通过无线地勘软件看到的无线信号覆盖质量有可能与在现场部署时的实际情况不一致，存在一定的无线覆盖质量隐患。特别是在预算紧张的覆盖项目中，有些区域可能覆盖信号较弱。比如以下情况建议工程师都要到现场进行无线复勘：

① 一个AP覆盖较大面积的区域，且现场有较多的障碍物。

② 使用墙面式AP覆盖两个房间时，另一个房间需要进行信号测试。

工程师到工程现场进行无线复勘时，主要涉及以下几个步骤：

① 确定AP测试点：选择信号覆盖可能存在隐患的AP点位，并就该AP选择2~3个最远端的测试点。

② 实地测试：配置好AP，将AP用支架固定在AP实际部署位置，然后使用地勘专用电源为AP供电，AP上电并发射信号后，分别使用手机和笔记本计算机测试无线线信号强度。

③ 调整与优化：如果实地测试结果不良，则需要通过调整AP部署位置、调整AP功率、增加AP等方式改善，优化后再进行一次测试，直到测试通过。将优化后的结果记录到AP点位设计图中。

任务二　使用无线地勘工具

锐捷无线地勘系统是一个用于辅助评估方案展示或前期方案测试，生成对应无线建设评估方案的地勘平台。通过点位设计、信号仿真，快速输出评估方案。有关无线地勘系统操作说明如下：

① 用户启动系统时进入版本选择界面：本地连接、远程连接。选择"本地连接"，若端口号不被占用，单击"确定"按钮即可连接本机的服务，如图10-8所示。

② 将弹出图10-9所示的"提示"对话框。单击"是"按钮，启动无线地勘系统服务，并进入地勘系统主界面，如图10-10所示。

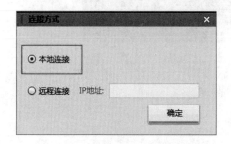

图 10-8　"连接方式"对话框

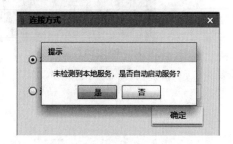

图 10-9　"提示"对话框

图 10-10　地勘系统主界面

无线局域网技术（理论篇）

③ 单击"新建工程"按钮，在弹出"新建工程"对话框中填写项目名称、地勘人员等信息，结果如图10-11所示。单击"确定"按钮，完成新工程新建，新创建的工程管理界面如图10-12所示。

图 10-11　"新建工程"对话框

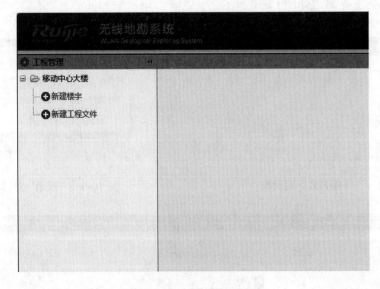

图 10-12　工程管理界面

④ 单击"新建工程文件"，弹出图10-13所示"新建工程文件"对话框，输入"工程文件名称"，并选择建筑平面图（导出为jpg格式），单击"确定"按钮完成地勘系统平面图纸的导入，结果如图10-14所示。

图 10-13 "新建工程文件"对话框

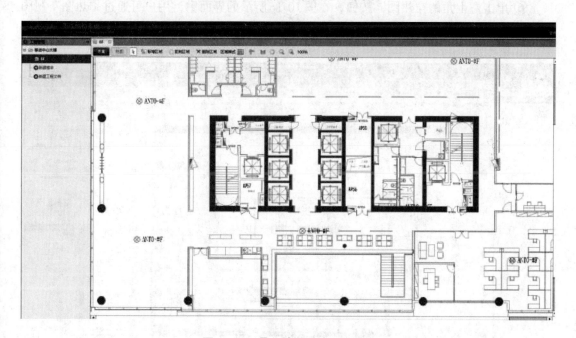

图 10-14 导入地勘系统平面图纸

⑤ 单击 按钮，设置该建筑平面图的比例尺，如图 10-15 所示。

图 10-15　设置建筑平面图的比例尺

⑥ 单击左上角的"热图"按钮，在图 10-16 所示的界面中，用户可通过"热图"视图设置墙体、窗户等障碍物，也可以通过系统自带的智能识别障碍物进行识别。

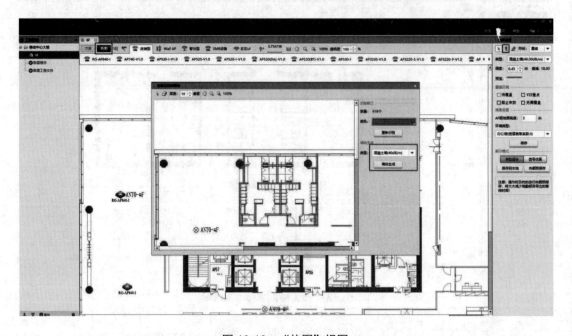

图 10-16　"热图"视图

⑦ 根据现场勘测选择无线 AP 类型，根据用户数量选择对应的场景 AP 并进行点位部署，如图 10-17 所示。

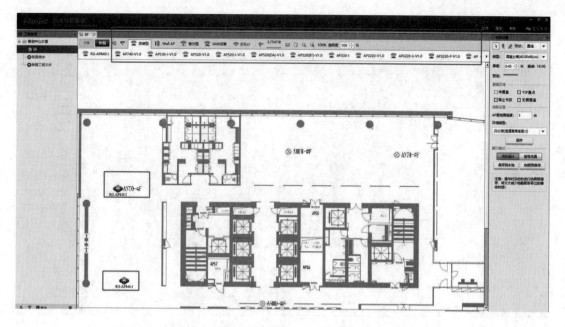

图 10-17　选择对应的场景 AP 并进行点位部署

⑧ 地勘软件增加的 AP 默认都工作在 1 信道，可以针对现场 AP 部署密度进行信道和功率调整。右击各 AP，在弹出的快捷菜单中选择"信道和功率设置"，可对 AP 的工作信道和功率进行调整，如图 10-18 所示。

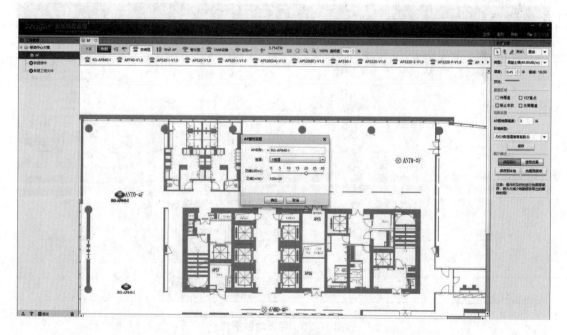

图 10-18　设置信道和功率

⑨ 调整完 AP 的信道和功率后，单击右下角的"信号仿真"按钮，可以按信号强度、速率、信道冲突等方式查看 AP 覆盖效果，如图 10-19 所示。

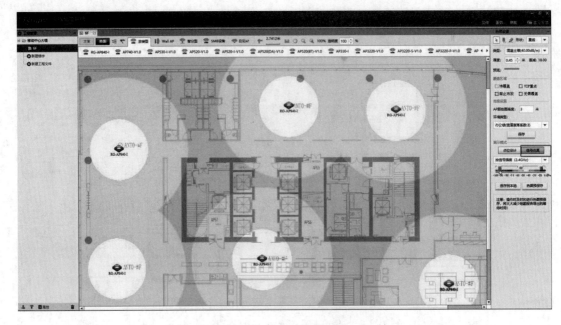

图 10-19　查看 AP 覆盖效果

　　⑩ 完成点位部署以及型号仿真之后，单击右下角的"服务"按钮，选择"导出报告"，即可导出相应的地勘报告，如图 10-20 所示。

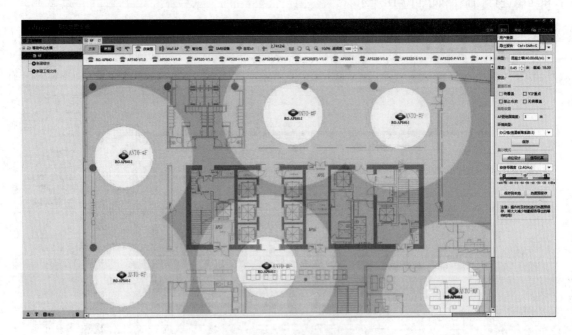

图 10-20　导出地勘报告

任务三　　　实施无线地勘项目

一、对无线网络的用户数进行评估

从项目背景中得知，展会区域为 5 000 m² 的开阔空间，分为两个展区，展会人流量预计为 300 人/小时。根据展区业务特征和以往经验，展区最大可容纳 2 000 人，预计高峰期参观人数在 900 人左右。有关各时间段预计参展人数见表 10-5。

表 10-5　各时间段预计参展人数

时间	预计参展人数
9:00～10:00	300
10:00～11:00	600
11:00～13:00	900
13:00～14:00	600
14:00～15:00	900
15:00～16:00	600
16:00～17:00	300

无线网络工程师最终同会展中心信息部负责人确认，本次无线覆盖将按以往经验，按70% 的用户接入无线网络为依据，并针对每个区域做了细化的统计，统计结果如表 10-6 所示，最终设定无线接入人数为 630 人左右。

表 10-6　各时间段预计参展人数

无线覆盖区域	AP 接入数量
展区 1	250
展区 2	250
大型会议室	100
小型会议室	30
办公室	6

二、对无线网络的用户数进行评估

通过和会展中心信息部沟通，展会将会在两个会议室和两个展会的展台区域设置视频直播服务，其他区域将为用户提供实时通信、微信视频、搜索、门户网站等应用通信。

根据业务调研结果，参考以往业务应用接入所需带宽的推荐值，经会展信息中心信息部确认，会展中心为视频直播服务提供不低于为 10 Mbit/s 的无线接入带宽，为参展用户提供不低于 512 Kbit/s 的无线接入带宽，为办公区域用户提供不低于 2 Mbit/s 的无线接入带宽，最终各区域的无线接入带宽需求如表 10-7 所示。

会展中心的无线信号需要为视频直播服务、参展用户及办公区域用户提供不同的无线接入带宽，无线工程师决定设置多个 SSID，每个 SSID 限制不同的速率；最终确定各 SSID 信息如表 10-8 所示。

表 10-7　各区域的无线接入带宽需求

无线覆盖区域	AP 接入数量	AP 接入带宽
展区 1	250	140 Mbit/s
展区 2	250	140 Mbit/s
大型会议室	100	65 Mbit/s
小型会议室	30	25 Mbit/s
办公室	6	12 Mbit/s

表 10-8　SSID 信息

接入终端	SSID	是否加密	限制速率
视频直播	Video-wifi	是	不限速
参展用户	Guest-wifi	否	512 Kbit/s
办公用户	Office-wifi	是	2 Mbit/s

三、绘制会展中心现场草图

地勘工程师经前期电话沟通，已知会展中心负责人手上并没有该建筑的任何图纸，因此，小勘经预约，在约定时间携带激光测距仪、笔、纸、卷尺等设备到达了现场，边绘制草图边开展现场调研工作。

经一个小时左右的时间，小勘已经草绘了一张会展中心的图纸，结果如图 10-21 所示。

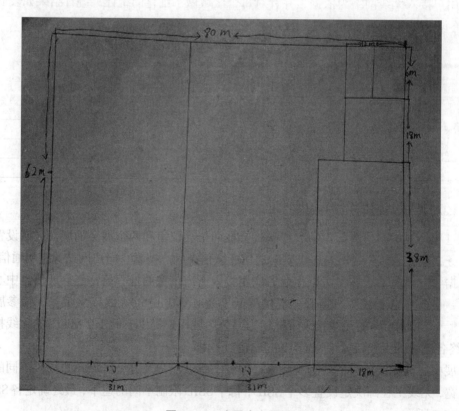

图 10-21　会展中心图纸

同时，小勘在现场环境调研确认现场环境，并反馈以下情况给无线工程师：

① 2个展区均有铝制板吊顶。

② 会议室及办公室没有吊顶。

③ 展区人流量主要集中在展台附近。

四、根据草图在 Visio 中绘制为电子图纸

① 打开 Visio，并进行页面设置，将绘图比例设置为 1:30，如图 10-22 所示。

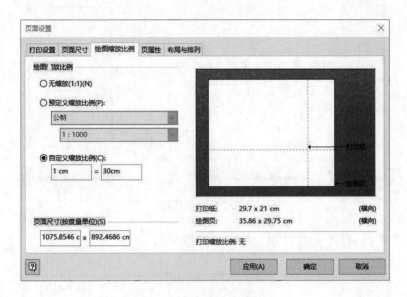

图 10-22　设置绘图比例

② 根据草图绘制墙体，如图 10-23 所示。

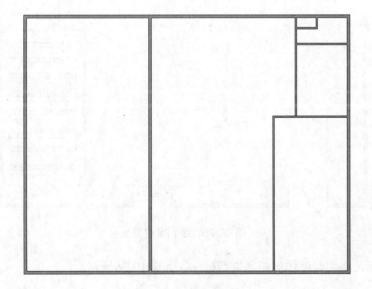

图 10-23　绘制墙体

③ 在墙体上绘制门、窗，如图10-24所示。

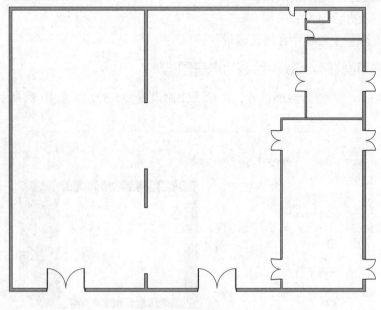

图 10-24　绘制门窗

④ 添加桌椅、讲台等室内用品，如图10-25所示。

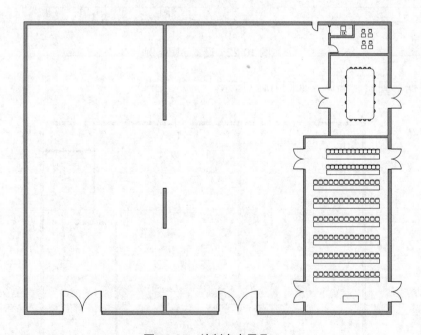

图 10-25　绘制室内用品

⑤ 使用标尺将主要墙体的距离进行标注，如图10-26所示。

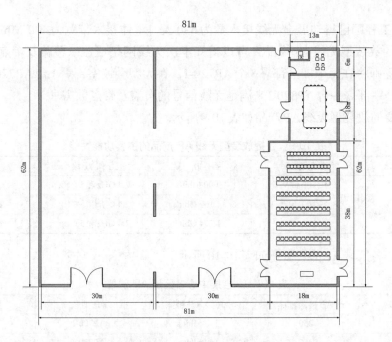

图 10-26　标注距离

⑥ 使用文本框对每个房间进行标注，如图 10-27 所示。

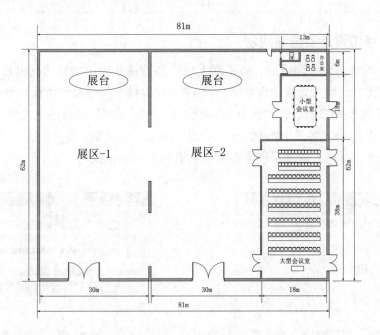

图 10-27　电子平面图

五、AP 选型

① 从项目背景得知，展会区域为 5 000 m² 的开阔空间，分为两个展区。因此，选用适合在室内大开间高密度部署的放装型 AP。

② 无线工程师已得知展会无线接入数为630人，整体接入带宽为400 Mbit/s左右。结合锐捷主要的放装型无线AP产品，可以得知本次无线网络覆盖以覆盖及带点数为主。因此，无线工程师将在每个展区部署3个AP720-I，在大型会议室部署1台AP720-I，在小型会议室及办公室部署一台AP320-I来满足无线信号的覆盖及带点数需求。

锐捷主要的放装型无线AP产品如表10-9所示。

表 10-9　锐捷放装型无线 AP 产品的主要功能性能

产品型号	发射功率	吞吐量	工作频段	推荐/最大接入数
RG-AP320-I	≤100 mW	600 Mbit/s	2.4 GHz和5 GHz	32/256
RG-AP520-I	≤100 mW	1.167 Gbit/s	2.4 GHz和5 GHz	64/256
RG-AP720-I	≤100 mW	1.734 Gbit/s	2.4 GHz和5 GHz	80/384

会展中心各区域AP部署数量如表10-10所示。

表 10-10　会展中心各区域 AP 部署

无线覆盖区域	AP接入数量	AP接入总带宽	AP型号	数量
展区1	250	140 Mbit/s	AP720-I	3
展区2	250	140 Mbit/s	AP720-I	3
大型会议室	100	65 Mbit/s	AP720-I	1
小型会议室	30	25 Mbit/s	AP320-I	1
办公室	6	12 Mbit/s		

六、AP 点位设计及信道规划

小勘做完现场的充分调研后，将根据无线产品特征和应用场景情况进行无线AP点位的设计和模拟仿真。根据无线地勘系统进行AP点位设计及信号模拟仿真，主要步骤如下：

① 打开无线地勘系统后，在图10-28所示的"连接方式"对话框中选择"本地连接"，并单击"确定"按钮，将弹出图10-29所示的"提示"对话框。单击"是"按钮，启动无线地勘系统服务，并进入地勘系统主界面，结果如图10-30所示。

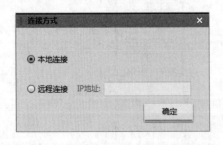

图 10-28　"连接方式"对话框

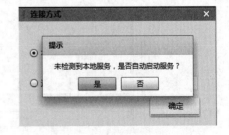

图 10-29　启动服务

② 单击"新建工程"按钮，在弹出的"新建工程"对话框中填写项目名称、地勘人员等信息，结果如图10-31所示。单击"确定"按钮，完成新工程新建，进入会展中心一楼无线网络工程管理界面，结果如图10-32所示。

③ 单击"新建工程文件"，弹出图10-33所示的"新建工程文件"对话框，输入"工程

文件名称",并选择完成的会展中心建筑平面图(导出为 jpg 格式),单击"确定"按钮完成地勘系统中会展中心一楼平面图纸的导入,结果如图 10-34 所示。

图 10-30 无线地勘系统主界面

图 10-31 新建工程

图 10-32 会展中心一楼无线网络工程管理界面

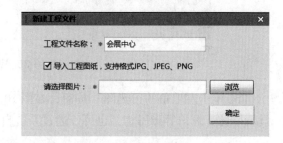

图 10-33 "新建工程文件"对话框

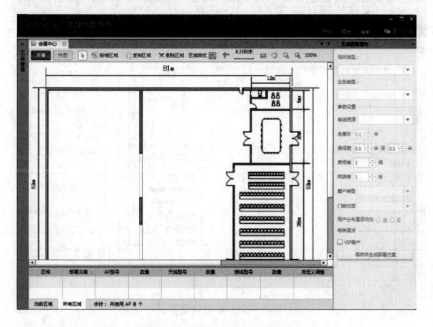

图 10-34 导入会展中心图纸

④ 单击 ⊫ 按钮,设置该建筑平面图的比例尺,如图 10-35 所示。

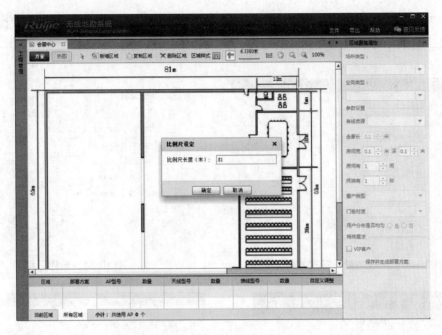

图 10-35　设置比例尺

⑤ 单击左上角的"热图"按钮，在图 10-36 所示的界面中，用户可通过"热图"视图设置墙体、窗户等障碍物，也可以通过系统自带的智能识别障碍物进行识别。

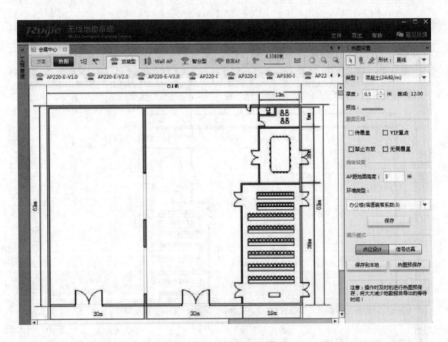

图 10-36　热图设置界面

⑥ 单击右侧的"智能识别障碍物"按钮，在弹出的"智能识别障碍物"对话框中，可以设置墙体识别的参数，配置界面如图 10-37 所示。

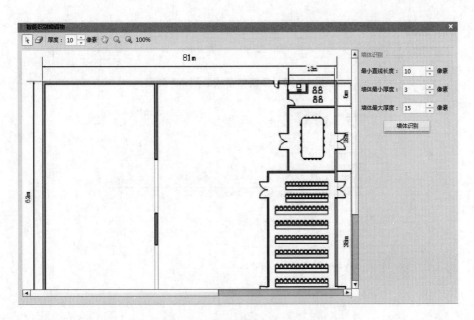

图 10-37 "智能识别障碍物"对话框 1

⑦ 单击"墙体识别"可以通过墙体识别自动生成墙体以及窗户等障碍物，结果如图 10-38所示，单击"墙体生成"按钮。

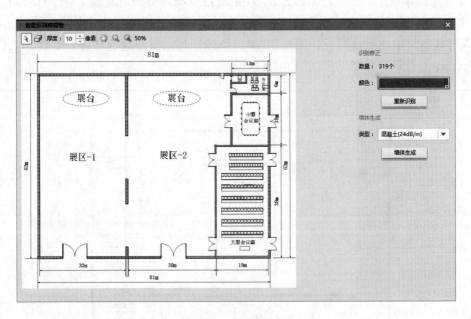

图 10-38 "智能识别障碍物"对话框 2

⑧ 根据现场勘测选择无线 AP 类型，本次会展中心根据用户数量选择了放装型无线 AP720-I 及 AP320-I，具体见表10-9。

由于地勘系统没有 AP720-I 型号，用户可以单击"自定 AP"图标进行新增 AP 型号。系统已有 AP 型号如图10-39所示，"AP 型号新增"对话框如图10-40所示。

图 10-39　系统自带放装型 AP 列表

图 10-40　"AP 型号新增"对话框

　　⑨ 在地勘系统中进行 AP 点位设计。小勘通过现场环境调研发现，展厅有铝制天花吊顶，因此 AP 可采用吊顶安装，会议室及办公室没有吊顶，建议壁挂式安装。同时，考虑到展区人群基本集中在展台附近，因此在 AP 点位设计时在展台附近部署 2 台 AP，入口处部署 1 台，AP 点位设计参考结果如图 10-41 所示。

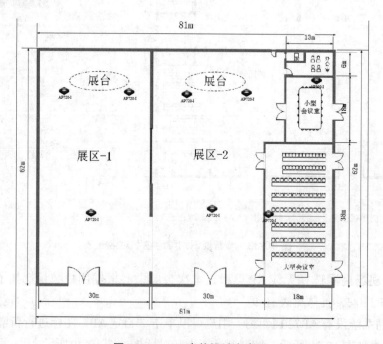

图 10-41　AP 点位设计参考图

⑩ 地勘软件增加的AP默认都工作在1信道，用户还需要针对现场AP部署密度进行信道和功率调整。

右击各AP，在弹出的快捷菜单中选择"信道和功率设置"，可对AP的工作信道和功率进行调整，如图10-42所示。

图 10-42　AP 信道和功率调整界面

⑪ 无线工程师需要根据1、6、11原则对AP进行信道调整。考虑展台附近AP距离较近，属高密度部署场景，在信号覆盖已满足需求情况下，可以通过降低AP的功率减少同频干扰的区域。调整完AP的信道和功率后，单击右下角的"信号防真"按钮，可按信号强度、速率、信道冲突等方式查看AP覆盖的效果。图10-43所示为按信号强度（2.4 GHz）显示的信号覆盖热图。

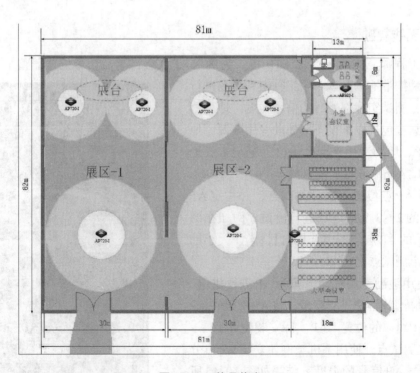

图 10-43　信号仿真

⑫ 通过地勘系统确定AP点位后，小勘需要输出一份AP点位与信道确认图纸，同会展中心网络管理部进行确认，结果如图10-44所示。

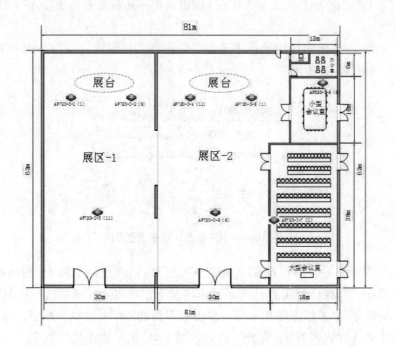

图 10-44　AP 点位设计与信道规划参考结果

七、无线复勘

无线工程师完成了 AP 点位图初稿，为确保 AP 实际部署后信号能覆盖整个会展大厅，现需要小勘携带地勘测试专用工具箱到现场进行无线复勘，测试实际部署后的信号强度。地勘测试专用工具箱包括以下设备：地勘专用电源、地勘专用 AP、地勘专用支架、手机、笔记本、地勘专用测试 App 和软件、配置线等。

① 在 AP 点位图上选择测试点，并指定 AP 覆盖范围的 2～3 个最远点进行测试，例如在图 10-44 所示的 AP 点位图中，针对目标 AP，小勘选择了两个测试点。

② 使用地勘专用移动电源为 AP 进行供电，按 AP 规划配置对 AP 进行配置，将 AP 架设在 AP 点位设计图对应的位置（AP 实际安装位置）。

③ 在测试点处使用手机（例如安装 Wi-Fi 分析仪）测试 AP 信号的强度，结果如图 10-45 所示；使用笔记本计算机（例如安装 WirelessMon）测试信号的强度，结果如图 10-46 所示。

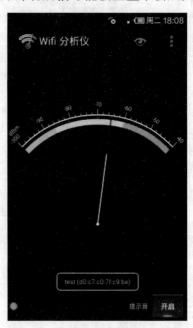

图 10-45　手机使用 "Wi-Fi 分析仪" 测试信号

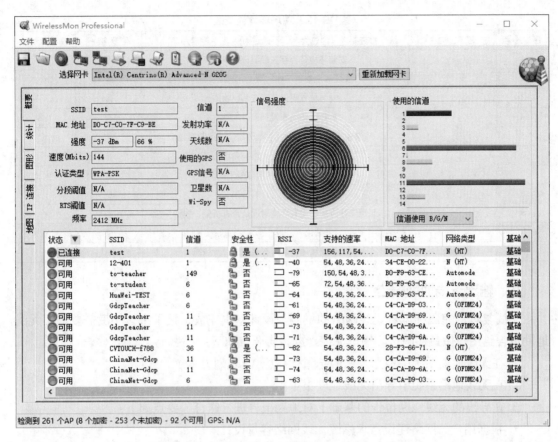

图 10-46　笔记本计算机使用 WirelessMon 测试信号

在记录手机和笔记本测试数据时，应选择测试软件信号相对平稳的数值，并登记在无线复勘登记表中，结果如表10-11所示。

表 10-11　无线复勘登记表

AP 编号	测 试 位 置	手 机 信 号	笔记本信号
AP720-I-3	展厅1西南角	-65 dBm	-37 dBm
AP720-I-3	展厅1东南角	-63 dBm	-40 dBm
……	……	……	……

在地勘现场测试中，如果测试点位的数据不合格，则应当根据现场情况，适当调整 AP 点位位置或 AP 功率，直到测试点数据合格为止，同时针对调整的 AP 信息（位置、功率等）来修订原来的设计文档。

八、现场环境检查

小勘在现场进行无线复勘的同时，需要检查安装环境并进行记录，确保 AP 能够根据点位图进行安装和后期维护，并将检查结果登记，现场环境检查表如表10-12所示。

表 10-12　现场环境检查表

序　号	检查方法	检查要求（通过为 ✓，不通过为 ×，不检查为 /）	检 查 结 果	是 否 通 过
1	现场检查	安装环境是否存在潮湿、易漏地点	否	✓
2		安装环境是否干燥、防尘、通风良好	是	✓
3		安装位置附近是否有易燃物品	否	✓
4		安装环境是否有阻挡信号的障碍物	否	✓
5		安装位置是否便于网线、电源线、馈线的布线	是	✓
6		安装位置是否便于维护和更换	是	✓
7		安装环境是否有其他信号干扰源	是	✓
8		安装环境是否有吊顶	是	✓
9		采用壁挂方式、安装环境附近是否有桥架、线槽	是	✓
10		安装位置是否在承重梁附近	否	✓
11	沟通确认	安装位置墙体内是否有隐蔽线管及线缆	否	✓

九、输出无线地勘报告

无线复勘的完成标志着无线网络的勘测与设计基本完成，接下来，小勘需要输出无线地勘报告给用户做最终确认。输出无线地勘报告要点如下：

① 在无线地勘系统中根据复勘的结果优化原 AP 规划方案。

② 在无线地勘系统中导出无线地勘报告。

③ 在导出的无线地勘报告的基础上对地勘报告进行修订，要点如下：

● 根据用户的网络建设需求修改无线网络容量设计。

● 物料清单需要补充无线 AC、POE 交换机、馈线、天线等内容。

在无线地勘软件中优化原无线网络工程后，单击右上角的"导出"，选择"导出报告"，在弹出的"导出报告"对话框中选择"按热图"单选按钮，并按工程要求输出 2.4 GHz 相关的热图，结果如图 10-47 所示。单击"导出报告"按钮 输出地勘报告。

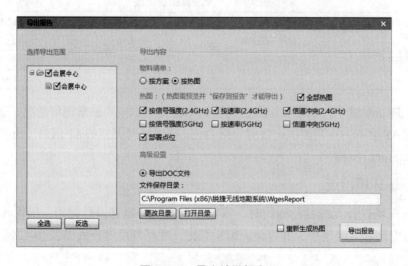

图 10-47　导出地勘报告

十、物料清单优化

由于无线地勘系统导出报告时物料清单只输出 AP 数量，无线工程师需要将其他设备手动添加到地勘报告中。考虑到 AP 的供电，需要配备一台 POE 交换机；同时，会展中心无线覆盖拟用 FIT AP 模式对 AP 进行统一管理，因此需要配备一台无线控制器。最终确定物料清单如表10-13所示。

表 10-13 物料清单表

楼层信息	设备类型	设备型号	数 量
会展中心	无线AP	AP320-I	1
	无线AP	AP720-I	7
核心机房	POE交换机	S2928G-24P	1
	无线控制器	WS6008	1
合计			10

十一、制作地勘报告 PPT

地勘报告完成后，无线工程师需要向会展中心网络部汇报本次地勘的结果，为方便进行汇报，无线工程师需要将地勘报告及其他材料清单进行整理，制作一份地勘汇报PPT。

项 目 小 结

本项目主要介绍无线地勘的概念、无线地勘的流程、无线地勘系统的使用、无线地勘项目的实施等内容。

项 目 测 试

1.（多选题）在无线地勘中，需要注意的风险有哪些？（　　　）

    A. 覆盖风险　 B. 同频干扰风险

    C. 隐藏节点风险　 D. 未知STA风险

    E. 射频环境风险　 F. 未知应用风险

2.（单选题）在地勘中为了提高地堪效率以及准确性，地勘的顺序应该是（　　　）。

① 充分了解客户需求　② 索要详细图纸　③ 详细了解部署环境以及图纸准确性　④ 与销售沟通　⑤ 与客户探讨部署方案

    A.①②③④⑤　 B.④①②③⑤

    C.④①②⑤③　 D.①⑤②③④

3.（多选题）无线地勘前期准备有哪些？（　　　）

    A. 获取并熟悉覆盖区域平面图　 B. 初步了解用户接入需求

    C. 初步了解用户现网情况　 D. 确定用户方项目对接人

    E. 勘测工具准备　 F. 勘测软件准备

4.（多选题）信号规划避免干扰合理有哪几组？（　　　）

    A. 1、6、11　　　B. 2、7、12　　　C. 3、8、13　　　D. 4、10、14

5.（单选题）AP四周有如下哪些物品时不建议安装或远离这些物品进行安装？（　　　）

    A. 微波炉　　　　B. 无绳电话　　　C. 变压器　　　　D. 交换机

6.（多选题）无线网络的地勘设计是WLAN项目实施中的关键环节，好的地勘设计方案，可以（　　　）。

    A. 保证无线网络运行稳定

    B. 提高设备使用效率，从而提高客户投资回报率

    C. 减少无线网络的维护工作量

    D. 彻底解决无线网络中的干扰源问题

7.（多选题）在无线网络地勘过程中，以下说法正确的是（　　　）。

    A. 在进行无线网络勘测时，需要保证覆盖范围与实际应用需求区域相同，当信号的覆盖受到障碍物的影响而导致无线信号覆盖范围无法满足实际应用需求区域时，则需要及时地调整部署方案

    B. 在进行室内的多AP部署时，在满足一定用户密度的无线应用需求下，要选择合适的AP安装位置、安装方式、发射功率等，以尽可能地减少三维空间中的信号可见数量

    C. 当在三维空间内规划信号覆盖时，跨楼层的信号泄露问题难以避免。所以，对于信号泄露带来的无线链路质量下降问题需加以考虑和优化

    D. 在进行室内的多AP部署时，为保证有较好的信号强度指标，AP应工作在最大发射功率，同时需要注意AP间的信道划分

8.（多选题）对半径小、并发用户多区域的覆盖规划，说法正确的是（　　　）。

    A. 此类区域的内部较为空旷，没有墙壁的阻挡，但由于接入用户的数量原因，要求使用多个AP进行覆盖

    B. 在进行多AP部署时，需考虑各AP安装位置之间的间隔

    C. 一般来讲，开放式办公区域、大型阶梯教室、大型会议中心等属于此类区域

    D. 在此类区域部署多AP时，需要考虑AP间信道的划分，AP间采用交叉信道部署以减少干扰，例如需要部署3个AP时，AP1、AP2、AP3的信道可分别设置为1、6、11

9.（多选题）以下哪些操作方法能够减少信号干扰？（　　　）

    A. 采用非重叠信道进行网络优化

    B. 采用11a和11g混合部署的方式

    C. 调整部分AP的发射功率

    D. 排查并消除现场环境中的干扰源，如微波炉、蓝牙和无绳电话等

10.（多选题）对半径小、并发用户少区域的描述正确的是（　　　）。

    A. 此类区域一般半径在60 m以下，接入的用户不多

    B. 一般来讲，小会议室、酒吧、咖啡馆、居民家庭等属于此类区域

    C. 对居民家庭进行覆盖规划时，应合理地选择AP布放位置以兼顾各房间的无线信号覆盖

    D. 一般来讲，一个AP即可满足此类区域中无线信号覆盖范围与用户数量的要求，关键是选择合适的AP安装位置与安装方式

项目十一

无线局域网故障处理

项目场景

无线局域网在提供便捷的网络接入同时，出现故障风险也相对较高，因此在实际运行中需要倾注人力和精力进行管理与维护，以保证网络运行的稳定。在WLAN网络运维与管理过程中，如何快速定位和解决网络故障显得尤其重要，因此网络运维管理人员需要了解WLAN网络管理与维护的工作内容，掌握问题处理的一般方法与常见WLAN故障的处理方式，以提高WLAN网络排障与管理的效率。

知识目标

- 了解网络故障排除常用方法。
- 掌握故障诊断使用的命令。
- 了解WLAN网络故障排除。
- 了解WLAN常见故障案例。

技能目标

- 会排查WLAN常见故障。
- 能解决WLAN常见故障问题。

任务一　　了解故障排除常用方法

一、分块故障排除法

分块故障排除法即根据不同部分功能实现上的差异，把WLAN网络分为多个部分，结合故障现象，分块进行排查。WLAN网络设备配置文件提供了分块的组织结构，可分为如下部分：VLAN、本地管理账号、无线服务模板、接口管理（VLAN接口、无线接口）、IP地址及路由等。这种模块化的配置管理方式本身就为故障定位提供了一个原始的框架，当出现一个故障现象时，可以把它归入到上述的某一部分或几部分中，从而可以有效地缩减故障范围，提高问题定位效率。

二、分段故障排除法

尽管WLAN采用组网方式不尽相同，一般情况下，可根据物理上的联系分段排查网络故障。

图11-1所示为WLAN网络分段示意，采用分段故障排除法，将网络分为以下几段，逐一进行排查：

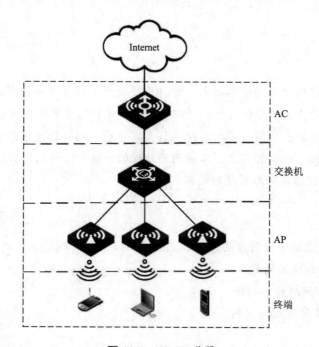

图 11-1　WLAN 分段

① 从终端（常见为笔记本计算机、Pad、手机等）到无线AP，包括终端本身与无线环境。

② 从AP到交换机，包括AP硬件、POE供电问题。

③ 从交换机到无线控制器AC，包括交换机本身、AC硬件和软件版本与配置。

如某区域WLAN上网速度较慢，或无法连接到网络，对此故障，一般从第一段开始检查，是否由于终端原因或无线环境较差导致，然后排查AP方面是否出现故障，最后检查交换机以及AC上是否存在异常。

三、替换故障排除法

替换故障排除法是指利用完好的部件替换可能出故障的部件，以故障现象是否消失判断部件故障情况的一种方法。在条件允许的情况下，使用替换法可以迅速定位故障，从而找出故障处理方法。

　　替换故障排除法通常与分块故障排除法或分段故障排除法相结合，图11-2所示为与替换故障排除法示意图。

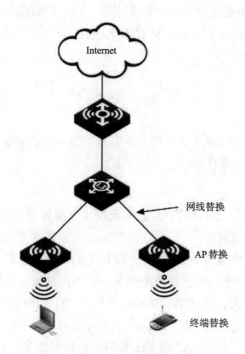

图 11-2　替换故障排除法

常见的替换故障排除法包括以下几种：

① 网卡替换：采用外置网卡代替内置网卡，或者重装网卡驱动。

② 终端替换：如有多台终端，更换同类型的其他终端或者不同类型的终端进行尝试。

③ AP替换：FIT AP是零配置，更换AP较方便，FAT AP则需要重新进行相关配置。

④ 网线替换：如网络不通，可能是由网线造成的，可直接换某段网线进行验证。

任务二　使用故障诊断命令

一、ping 命令

1．功能

ping命令用于检查IP网络连接及主机是否可达，主要测试两点之间连通性。

2．原理

ping命令是网际控制报文协议（Internet Control Messages Protocol，ICMP）的一个应用，使用了ICMP回送请求和回送响应报文，即源站点向目的站点发出一个ICMP Echo Request

报文，目的站点收到该报文后回一个ICMP Echo Reply报文，可验证两个节点间IP层的可达性。

对于每一个发出的回送请求报文，如果超时仍未收到响应报文，则输出"Request time out"，否则显示响应报文中数据字节数、报文序号、TTL和响应时间。

最终统计信息包括发送报文总数、接收报文总数、未响应报文百分比和响应时间的最小值、平均值以及最大值。

二、tracert 命令

1. 功能

tracert命令用于测试数据报文从发送主机到目的地所经过的网关，主要用于检查网络连接是否可达，以及分析网络什么地方发生了故障。

2. 原理

tracert是用来探测源节点到目的节点之间数据报文所经过的路径。IP报文在经过路由器转发后，报文中的TTL值被减去1，并且当TTL=0时则向源节点报告TTL超时。

使用tracert命令后，节点首先发送一个TTL=1的ICMP报文，到达第一跳路由器后，路由器则会返回一个ICMP错误消息以指明此数据报不能被发送（因为TTL超时）；之后节点再发送一个TTL=2的报文，同样第二跳路由器返回TTL超时；这个过程不断进行，直到到达目的地，目的主机会返回一个ICMP目的地不可达消息，之后tracert操作结束。

tracert工具可以记录下每一个ICMP TTL超时消息的源地址，从而提供给用户报文到达目的地所经过的网关IP地址。

三、display 命令

display命令主要用于显示设备的运行参数。可以查看设备的版本、硬件信息、AC中所有AP的状态信息、设备中的管理用户、所连接客户端的信息等。

常用display命令如下：

① display version命令，用于显示当前版本信息。

② display current-configuration命令，用于显示系统当前配置信息。

③ display interface命令，用于显示端口信息。

④ display wlan ap all命令，用于查看AP当关注册状态，如图11-3所示。

```
<Sysname>display  wlan ap all
                        AP information
State:I =Idle,       J =Join,        JA=JoinAck,      IL=ImageLoad
     C =Config,      DC=DataCheck,   R =Run,   M =Master,   B =Backup

AP name                   APID   State Model       Serial ID
ap1                       1      R/M   WA4320-TI    219801A0X98163E00S0
```

图 11-3　display wlan ap all 命令示意

如图11-3所示，命令结果显示AP name（AP名称）、APID（AP的ID号，用于在AC上唯一标识一个AP）、State（AP当前状态）、Model（AP型号信息）、Serial ID（AP序列号，如果未指定，则显示为Not configured）。

State为I表示空闲状态，AP未上线；J表示CAPWAP连接建立状态；JA表示CAPWAP连接确认阶段；IL表示版本下载状态；C表示初始化配置下载状态；DC表示数据校验状态；R表示CAPWAP隧道处于运行状态，AP与AC成功建立CAPWAP隧道；R/M表示CAPWAP主隧道处于运行状态，AP与主AC成功建立主隧道；R/B表示CAPWAP备隧道处于运行状态，AP与备AC成功建立备隧道；M表示主用状态，当前AC为AP的主用AC；B表示备用状态，当前AC为AP的备用AC。

四、debugging 命令

1. debugging 命令概述

debugging命令可以帮助用户在网络发生故障时获得设备中相关细节信息，这些信息对网络故障的定位至关重要。

H3C debugging信息及其他提示信息的输出是由信息中心（info-center）来统一管理。因此，用户要查看调试信息，需要先开启信息中心并设定调试信息的输出方向，然后再打开相应的调试命令并将信息在终端上打印出来。

（1）开启 info-center 功能

```
[H3C]info-center enable
```

默认情况下，信息中心处于开启状态并向控制台输出信息。

（2）打开相应的调试开关

例如，打开IP packet调试开关的命令为：

```
<H3C>debugging ip packet
```

（3）开启本地终端对系统信息的监视功能

```
<H3C>terminal debugging
```

如果是远程登录（Telnet）到设备，则需要开启远程控制台对调试信息的显示功能。

```
<H3C>terminal monitor
```

2. debugging 命令使用注意事项

由于调试信息的输出在CPU处理中赋予了很高的优先级，debugging命令会占用大量的CPU运行时间，在负荷高的设备上运行可能引起严重的网络故障（如网络性能迅速下降）。但debugging命令的输出信息对于定位网络故障又是如此重要，是维护人员必须使用的工具。因此，使用debugging命令时应注意如下要点：

①应当使用debugging命令来查找故障，而不是用来监控正常的网络运行。

② 尽量在网络使用的低峰期或网络用户较少时使用，以降低 debugging 命令对系统的影响。

③ 在没有完全掌握某 debugging 命令的工作过程以及它所提供的信息前，不要轻易使用该 debugging 命令。

④ 由于 debugging 命令在各个输出方向对系统资源的占用情况不同。根据网络负荷状况，应当在使用方便性和资源耗费小间做出权衡。

⑤ 仅寻找某类型的流量或故障并且已将故障原因缩小到一个可能的范围时，才使用某些特定的 debugging 命令。这样一方面可以减少 debugging 命令对设备性能的影响，另一方面减少了许多无用信息的输出，有利于迅速定位故障。

使用 debugging 命令获取信息后，应立即使用 undo debugging 命令终止 debugging 命令的执行。

使用 display debugging 命令查看当前已打开哪些调试开关，使用相应命令关闭；使用 undo debugging all 命令可以关闭所有调试开关。

3．display 命令和 debugging 命令的配合使用

由于 display 命令不会影响系统的运行性能，而 debugging 命令会对系统性能造成影响，因此在故障排除时，首先使用相关的 display 命令查看设备当前的运行状况，分析引起故障的可能原因，缩减故障到适当范围，然后打开某个特定的 debugging 命令观察变化情况，以定位和排除问题。

任务三　排除 WLAN 网络故障

一、WLAN 故障定位流程

WLAN 故障定位流程如图 11-4 所示。

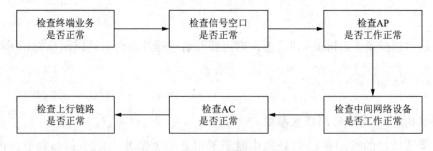

图 11-4　WLAN 故障定位流程

（1）检查终端业务是否正常

客户反馈存在故障，维护人员至现场后，检查业务是否正常，判断是否存在错误告警。询问用户故障现象，对用户反馈的问题要重视。

检查用户终端，具体内容如下：

① 检查用户无线网卡开关。

② 检查信号强度。

③ 检查周围的干扰源。

用自带设备检测，具体内容如下：

① 对常见业务做排查，SFTP上传、下载、网页浏览等。

② 对具体业务语音、视频等检查是否正常。

（2）检查空口信号质量

空口信号质量检查，可利用无线信号检测软件检查终端周围环境无线信号，主要检测信号强度以及干扰信号的影响。一般要求重点覆盖区域RSSI=-40～-65 dBm，边缘区域RSSI>-75 dBm，同频干扰<-80 dBm。

通过无线信号检测，可以观察信号强度以及同信道的其他信号的强度。如本信号强度太弱，可能是硬件或者无线环境较差；如同信道其他信号较多，且强度很大，可以尝试更换信道。如2.4 GHz频段可以选择1、6、11等其中干扰较少的信道。

（3）检查 AP 是否工作正常

检查AP是否正常的方法一般有两种：一是根据AP指示灯进行观察初步判断；二是通过登录AC观察AP状态。

不同的厂商AP状态指示灯略有不同，不同型号的AP指示灯分布和数量也不完全一致，但一般应包含无线状态（射频）指标灯、系统状态（电源）指示灯及链路状态指示灯。

在日常AP设备维护期间，若发现电源指示灯熄灭，表示AP设备已断或者供电故障。同时根据指示灯状态可以简单判断故障情况，如表11-1所示。

表 11-1　AP 指示灯与运行情况

指 示 灯	状 态	AP 运行情况
无线状态指示灯 （2.4 GHz和5 GHz）	绿色常亮	射频单元开启
	闪烁	正在传送数据
	熄灭	射频单元关闭
链路状态指示灯 （LAN）	绿色常亮	10/100/1 000 Mbit/s以太网连接已经建立
	闪烁	10/100/1 000 Mbit/s以太网正在传送数据
	熄灭	以太网链路没有连接或者已经关闭
电源指示灯 （PWR）	绿色灯常亮	设备正常工作
	熄灭	设备已断电或故障
	启动阶段闪烁	系统正在自检或载入软件程序
	运行阶段闪烁	运行阶段系统检测到异常

通过登录AC可以使用查看命令观察AP状态，如使用"display wlan ap all"命令可以观察到AP的运行状态。

（4）检查中间网络设备问题

中间网络设备包括二层交换机、三层交换机。首先需要检查交换机硬件是否损坏，交换机设备外表是否明显挤压、破损；其次登录交换机，检查交换机ip地址、掩码、路由、端口工作方式等内容是否配置正确；最后观察网络运营状态，主要包括是否构成环路，是否存在广播风暴、攻击包等。

（5）检查 AC 是否工作正常

检查AC是否工作正常，主要检查AC上配置的认证加密方式是否正确。同时，需要检查AC业务配置是否正确。必要时，可查看AC当前关联AP数量是否接近阈值。

（6）检查 AC 上行链路是否正常

AC上行链路组成部分主要为路由设备，首先应检查路由设备硬件是否损坏，之后检查路由设备各项设置是否正确。

二、用户端故障排除

对于用户端故障排除，分为以下几个步骤：

① 确认用户终端是否存在故障，用户无线网卡是否启用。

② 检查用户周围信号覆盖状况。可借助无线信号检测软件查看当前信号状态及干扰状况，查看周围有无明显干扰源存在。

③ 确认用户密码是否正确，如密码有误，则尝试其他正确密码。

④ 对于采用dot1x认证用户，确认证书是否正确安装。

三、AP 端故障排除

对于AP端故障排除，可采用远程排障与现场排障相结合的方法，共分为6个步骤，如图11-5所示。

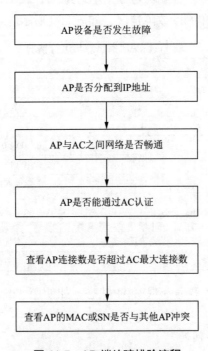

图 11-5 AP 端故障排除流程

① AP设备是否发生故障。
- 查看指示灯是否正常闪烁。
- 登录无线控制器AC查看AP状态。
- 登录POE交换机查看MAC地址表。

② 查看AP是否分配到IP地址。
- DHCP服务器上执行命令"display dhcp server ip-in-use"。
- 如果AP未分配到IP地址，则检查DHCP服务器配置。

③ 查看AP与AC之间网络是否畅通。
如果无法ping通对方，则需要查看并修改vlan及路由方面的配置。

④ 查看AP是否通过AC认证。

⑤ 查看AP连接数是否超过AC最大连接数。

⑥ 查看AP的MAC或SN是否与其他AP冲突。

任务四　排查 WLAN 常见故障

一、DHCP Server 故障排查

DHCP Server定位故障的思路：先查看DHCP的配置，再查看是否存在可用IP地址，然后查看内部网络是否正常。

（1）检查 DHCP 配置

查看当前DHCP Server配置，主要包括使能DHCP、地址池配置。

① 查看DHCP Server使能状态。

```
[H3C] display current-configuration
```

② 查看DHCP Server地址池配置。

```
[H3C] display dhcp server tree all
```

例如：通过命令查看，可以确认已使能DHCP，并配置了DHCP地址池V30，可分配的地址段为192.168.30.3-192.168.30.30，掩码为255.255.255.0，网关为192.168.30.1。

```
<AC>display current-configuration
#
Dhcp enable
[AC] display dhcp server tree all
Global pool:
Network 192.168.30.0 mask 255.255.255.0
```

```
Network ip range 192.168.30.3 192.168.30.30
Prevsibling node:vlan20
Gateway-list 192.168.30.1
Expired 1 0 0 0
```

（2）查看可用地址

通过命令 display dhcp server free-ip 查看 DHCP Server 地址池是否有可用地址。

例如：通过命令查看，可确认 192.168.30.5 至 192.168.30.30 地址还未使用。

```
[H3C]display dhcp server free-ip
IP Range from 192.168.30.5 to 192.168.30.30
```

（3）增加可用 IP 地址数量

如 DHCP Server 地址池无可用地址，则可增加 DHCP 地址池的 IP 地址范围，以此增加该 DHCP 地址池的可用地址数量。

配置命令：

```
network ip range min-address max-address
```

注意事项：配置的 IP 地址范围必须在指定的可分配网段范围内，否则该地址池无法分配 IP 地址。

例如：通过命令配置，可增加 ip 网段 192.168.30.3 至 192.168.30.60 地址。

```
<H3C>system-view
[H3C]dhcp server ip-pool v30 extended
[H3C-dhcp-pool-v30]network ip range 192.168.30.3 192.168.30.60
```

（4）查看内部网络

如内部网络不存在 DHCP 中继，则需要确认 PC 与 DHCP 服务器之间是否可达。PC 配置一个与 DHCP 服务器同网段的 ip 地址（注意不要与其他地址冲突），使用 PC 来 ping DHCP 服务器，确认是否能够 ping 通。

如内部网络存在 DHCP 中继，则可通过以下方法排查：

① 确认 PC 互连接口的 ip 地址是否与 DHCP 的地址池网段匹配。

② 确认 DHCP 中继的地址是否与 DHCP 服务器地址匹配。

③ 确认 DHCP 中继与 DHCP 服务器之间是否可达。DHCP 中继与 DHCP 服务器互 ping，确认是否存在不通或单通的现象。

二、信号干扰问题

信号干扰通常会造成无线网络使用不稳定、链路带宽下降等问题。造成信号干扰的原因通常是信道规划不够合理或者覆盖区域的无线环境比较复杂，如无线环境中有同频段的其他干扰源（如无绳电话、微波炉等）造成无线信号的同频干扰，从而影响无线客户端的使用效果。

通过调整AP部署位置及工作信道是避免干扰的有效方法。对于信号干扰问题，一般可按照以下方法排查和处理：

① 检查AP信道设置，结合AP安装位置，根据蜂窝式覆盖原则统一进行信道规划。

② 通过信号检测软件查看无线环境状况，根据信号分布情况有针对性地调整设备功率，将无线系统内部干扰降低到最低程度。

③ 如果发现区域内有其他干扰源（如无绳电话、微波炉等），则需要调整AP工作信道、工作频率，或调整部署位置以避免干扰。

三、信号弱问题

信号弱问题通常是由于无线地勘设计的部署方案不够全面所造成，使得无线网络覆盖的局部区域没有信号或者信号强度弱，无法保证网络的正常使用。为了保证无线网络的使用效果，目标区域信号强度至少应保证在-75 dBm以上。

无线网络信号强度较弱问题，一般可按照以下方法排查和处理：

① 检查线路和设备是否工作正常，排除因设备、线路等因素造成的信号弱问题。

② 在现有条件允许的情况下，可通过增加AP或天线来解决局部信号弱或无信号的问题。

③ 在充分了解客户需求及现场环境的基础上，且现场条件允许的情况下，改变原有的AP部署方案，重新规划AP的安装位置及安装方式。

四、无线客户端无法搜索到信号

无线客户端无法搜索到信号的问题，一般通过以下几个方面来排查：

① 检查无线网络设备的配置是否正确，如设备的无线服务模板（service-template）、射频模块（Radio）是否还处于disable状态，从而导致AP其实没有进入工作状态。

② 检查无线网络设备的硬件连接是否正确、可靠，排除因为设备硬件连接错误（如射频接口连接不紧、天线与AP接口对应关系不正确等）而导致信号太弱，使得客户端无法搜索无线信号的情况。

③ 检查无线客户端的无线网卡是否处于启用状态。

④ 确定无线设备工作模式与无线客户端的工作模式是否兼容，如AP工作在802.11a模式下，无线客户端设备是否能够支持802.11a模式，还是仅支持802.11b/g模式。

⑤ 在确保无线网络设备配置正确的情况下，可通过命令"display ar5drv [1|2] statistics"查看AP是否发送Beacon帧。默认情况下AP周期性发送Beacon帧告知接入终端无线接入信号信息，AP每次发送信号，Beacon统计都会累加计数，通过Beacon统计数值是否增长可以判断AP是否正常发送信号。

```
[H3C]_h
[H3C-hidecmd] display ar5drv 1 statistics
Beacon statistics
```

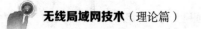

```
BeaconIntCnt : 1562
BeaconBusyCnt : 0
BeaconErrCnt: 0
```

命令参数说明：

BeaconIntCnt：Beacon帧统计数值，连续增长说明发送信号正常。

BeaconBusyCnt：外界无线干扰导致Beacon帧发送失败的统计计数，此时说明空口环境恶劣，通过优化无线网络改善。

BeaconErrCnt：由于射频硬件原因发送Beacon失败统计数值，多次查看如果增长可以判断为硬件故障。

⑥ 更换其他客户端进行测试。

五、FIT AP 注册不上问题

在无线控制器AC+FIT AP的组网模式中，FIT AP不能成功注册是常见问题之一。针对此类故障问题，可通过以下流程排查故障，具体流程如图11-6所示。

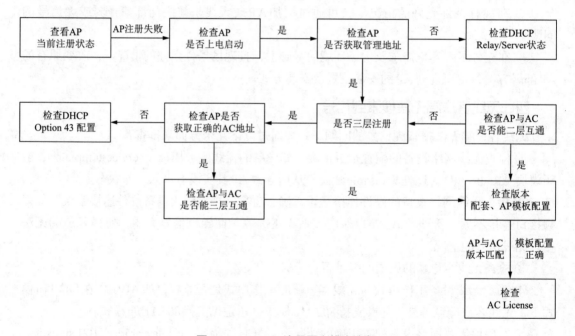

图 11-6　FIT AP 注册不上排查流程

1. 查看 AP 当前注册状态

查看命令：display wlan ap all，如图11-7所示，State为"I"表示AP未上线；"R/M""R/B"表示AP已上线，分别为主、备隧道。

```
<Sysname> display wlan ap all
                              AP information
    State : I = Idle,      J = Join,       JA = JoinAck,     IL = ImageLoad
            C = Config,    DC = DataCheck, R = Run   M = Master,  B = Backup

    AP name                 APID  State Model        Serial ID
    ap1                     1     R/M   WA1208E-GP   219801A0X98163E00050
    ap2                     2     R/B   WA1208E-GP   210235A0A9c094001953
    ap3                     3     I     WA1208E-GP   210235A0A9c094001529
```

图 11-7　display wlan ap all 命令执行结果

2．确认 AP 是否上电启动

如果 AP 无法注册上线，首先需要检查 AP 是否成功上电启动，可通过现场定位和远程定位。

① 现场定位。可以直接通过观察 AP 电源指示灯，或观察接入交换机端口指示灯状态来确定 AP 是否正常启动。

② 远程定位。观察和 AP 同二层网络的接入交换机能否学习到 AP MAC 地址，如果接入交换机未能学习到 AP MAC 地址，可能是 AP 未启动或连接 AP 网线存在故障。接入交换机查看 MAC 地址命令：display mac-address。

3．检查 AP 是否获取管理地址

AP 启动后需要获取管理 IP 地址，可通过查看 DHCP Server 状态确定服务器是否给 AP 分配地址，查看命令：display dhcp server ip-in-use all，如图 11-8 所示。

```
[V5]dis dhcp server ip-in-use all

Pool utilization: 0.03%
IP address        Client-identifier/   Lease expiration      Type
                  Hardware address
192.168.30.8      f48e-92e0-4dcf       Mar  3 2017 08:08:30   Auto:COMMITTED
192.168.30.6      a4ca-a0b8-c09a       Mar  3 2017 04:00:10   Auto:COMMITTED
```

图 11-8　display dhcp server ip-in-use all 命令执行结果

4．检查 DHCP Relay/ Server 状态

如果 AP 无法获取管理 IP 地址，则需要查看 AP 管理 IP 的地址池配置是否正确、地址池是否够用、是否有地址冲突等。执行命令 display dhcp server tree all，查看全局地址池；执行命令 display dhcp server free-ip，检查全局地址池内是否还有可用 IP 地址；执行命令 display dhcp server conflict all，查看是否有冲突的 IP 地址。

5．是否三层注册

根据无线网络组网模式检查确定 AP、AC 注册方式。在二层、三层不同注册方式下，AP 发现并注册 AC 的方式也不一样，问题排查的方向也不同。

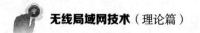

6. 检查 AP 与 AC 是否能二层互通

通过 AC ping AP 来验证 AP 与 AC 二层互通情况。如果二层互通性有问题，则需要检查 AP、AC 二层组网，排查物理链路、VLAN 配置、STP 状态等。

7. 检查 AP 是否获取正确的 AC 地址

三层注册方式中，AP 常有两种方式获取 AC 地址。

① DHCP Option 43 选项。通过命令 display dhcp client verbose 查看，可以确认 AP 获取的 Boot Server 地址是否为 AC 地址。

② AP 上手动设置 WLAN AC IP，配置命令为 WLAN ac ip x.x.x.x。检查 AP 是否配置正确 WLAN AC IP 地址。

8. 检查 DHCP Option 43 配置

通过 DHCP Option 43 方式获取 AC 注册地址的情况，需要确保 DHCP Server 的 Option 43 参数配置正确。通过命令 display dhcp server tree all 查看 Option 43 参数配置是否正确。

Option 43 格式简要说明如下：

```
Option 43 hex 80 0B 00 00 02 0A 15 64 0A 0A 15 64 07
```

- 80：固定值，不用改变。
- 0B：长度字段，其后面数据的字节长度。
- 00 00：固定值，不用改变。
- 02：表示后面的 IP 地址的个数，此处为两个 IP 地址。
- 0A 15 64 0A：表示 IP 地址为 10.21.100.10。
- 0A 15 64 07：表示 IP 地址为 10.21.100.7。

9. 检查 AP 与 AC 是否能三层互通

通过 AC 带源（Option 43 指定的地址）ping AP 来测试。如果三层互通性有问题，则需要排查 AP 到 AC 间的三层路由是否有问题。

10. 检查版本配套、AP 模板配置

如果 AP、AC 在 IP 层通信正常，但仍无法正常注册时，排查方法如下：

（1）查看 AC、AP 版本是否匹配

① 检查 AC Flash 是否有 FIT AP 的版本文件，如果没有，需要上传正确的 AP 版本文件至 AC Flash。

② 检查 AC Flash 中 FIT AP 版本文件与 AC 版本文件的上载时间是否一致，如果时间误差超过 1 天，则可能存在版本不匹配，需要重新上传正确的 FIT AP 版本文件至 AC Flash。

③ 检查 AP 注册状态，状态反复停留在 IL（ImageLoad）状态，则可能是版本文件不匹配，需要重新上传正确的 FIT AP 版本文件至 AC Flash。

（2）检查 AP 模板配置

AP 模板配置涉及 AP 型号、序列号，确保与 AP 的真实信息一致。如果 AP 是通过 MAC

地址信息注册 AC，需要确保 AP MAC 地址信息正确。

11. 检查 AC License

查看 AC License，对比 AC 上 AP 注册数目，确定是否需要 Liccnsc 扩容。

① 检查 AC License 所支持的 AP 注册数量，查看命令：display license ap。

② 检查 AC 当前已经注册的 AP 数量，查看命令：display wlan ap all。

③ 将 AC License 所支持的 AP 注册数量和 AC 当前已经注册的 AP 数量进行比较，确认是否需要对 AC License 扩容。

六、无线桥接故障问题

无线桥接无法建立或不稳定问题与工程规范性、设备配置、无线信道质量有关，可从以下几个方面进行排查：

1. 是否建立邻居

桥接成功的两个 AP 设备能够看到邻居 MAC 地址及邻居状态为 Active。在 AP 设备上通过命令 display wlan mesh-link all 查看，如果没有建立邻居，则返回值为空。

2. 检查邻居信号

为了保证链路通信质量，邻居信号要求大于 30（RSSI>30），如果已经建立链路，但是信号比较弱，可通过调整 AP 发射功率、天线方向来改善邻居信号。通过命令 display wlan mesh neighbors all 查看邻居的信号强度（Mean RSSI），如图 11-9 所示。

```
[WDS2] _hidecmd
[WDS2-hidecmd]dis wlan mesh neighbors all

                       Mesh Neighbor Parameters

-------------------------------------------------------------------------

Neighbor MINDEX          :1290

BSS ID                   :000f-e2e8-2120      //本端MAC地址

Peer Mac Addr            :000f-e274-c060      //对端MAC地址

Mesh ID                  :h3c_meshID          //Mesh网络标示

Neighbor state           :Connected peer

Mean RSSI                :61                  //对端的信号强度

Zero Config State        :No

-------------------------------------------------------------------------

Link FSM State           :Established

Peer's LinkId            :0002

Interface Index          :00CC0000
```

图 11-9 display wlan mesh neighbors all 命令执行结果

3．信道拥塞率

桥接链路使用固定信道，桥接两端通过信道交互保活报文和数据报文，如果信道拥塞，保活报文被丢弃，桥接链路可能频繁断开重连。使用命令"_hide"进入隐藏视图，通过命令display ar5drv 1/2 channelbusy查看CtlBusy数值。在没有业务流量的情况下，如果信道质量较差，CtlBusy数值大于30%，建议更换信道或者频段。

4．桥接报文收发

桥接设备正常情况下收发报文，收发帧统计数量应该持续增加。通过连续多次查看设备收发Beacon帧统计数据，可以辅助判断两端设备工作是否正常。BeaconIntCnt记录本端设备Beacon帧发送数量，如果连续多次收集没有持续增加，则需要排查本端桥接配置；RXFrameCnt记录收到邻居设备帧数量，如果连续多次收集没有持续增加，则需要检查邻居设置配置及两端工程连接。使用命令"_hide"进入隐藏视图，通过命令"display ar5drv [1|2] statistics"查看收发帧统计数量。

5．调整天线角度

桥接链路已经建立但是信号较弱，可先固定一端天线角度，左右调整另一端天线方位角，或者上下调整下倾角，增加两边天线主波瓣重叠度，达到优化桥接信号的目的。

6．更改桥接信道或模式

如果信道带宽占用比例较大，建议更改桥接信道，必要时可以更换工作频段。配置命令如下：

```
[AP] interface wlan-radio1/0/1
[AP-wlan- radio1/0/1] radio-type dot11g    //更改AP射频工作模式为802.11g
[AP-wlan- radio1/0/1] channel 11           //更改AP工作信道为11。
```

7．检查桥接配置

检查桥接以下配置内容，保证配置信息准确无误，避免出现错误：

① 确定桥接的两个Radio接口配置为相同的模式（如11a）、设置为相同的信道、发射功率设置恰当（通常使用最大发射功率）。

② 检查Radio接口下的peer-mac是否正确。

③ Radio接口上绑定mesh-profile，保证mesh-profile已经使能、配置的Mesh ID相同。

④ 保证mesh-profile对应接口的认证算法以及密钥相同。

⑤ 对于需要建立多条链路的设备，需要确认最大支持链接数是否设置正确，默认情况下liink-maximum-number为2。

8．检查工程规范性，确保工程实施正确规范

① 确认AP是否正常启动。

② 检查当前采用的天线类型是否与Radio模式相匹配。

③ 检查AP协议馈线口与天线协议馈线口连接是否正确紧密。

④检查天线的极化方式是否一致。

⑤检查桥接两端天线是否对准。

⑥检查网线馈线防水防尘处理,室外AP做好接地、防雷处理。

项 目 小 结

本项目主要介绍网络故障排除常用方法、故障诊断命令、WLAN网络故障排除、WLAN常见故障案例等内容。

项 目 测 试

1. (多选题)AP无法获取IP地址的常见原因为(　　　)。

　　A. 地址池配置不正确　　　　　　B. 地址池耗尽

　　C. 中间网络问题　　　　　　　　D. POE供电故障

2. (单选题)大量设备出现AP与AC版本不匹配故障,应如何处理?(　　　)

　　A. 对版本进行升级使其互相匹配

　　B. 更换AP设备

　　C. 更换交换机

　　D. 检查POE供电是否正常

3. (单选题)为了方便管理和维护,AP供电方式一般优先选择(　　　)进行供电。

　　A. 独立电源适配器　　　　　　　B. POE交换机

　　C. POE适配器　　　　　　　　　D. 交流供电

4. (单选题)为减少周围环境的影响,保证无线桥接设备的稳定,通常采用(　　　)频段来稳定桥接应用;同时两个桥接设备的工作信道是(　　　)。

　　A. 2.4 GHz,可以不同　　　　　　B. 2.4 GHz,必须相同

　　C. 5.8 GHz,可以不同　　　　　　D. 5.8 GHz,必须相同

5. (多选题)AP无法上线的原因有哪些?(　　　)

　　A. DHCP地址池配置不正确导致AP无法获取地址

　　B. AP采用静态发现,但是AC的IP配置错误

　　C. AP的版本与AC的版本不一致

　　D. 控制器采用了no-auth认证模式

6. (多选题)下列选项中,哪些因素会导致用户搜索不到无线网络信号?(　　　)

　　A. AP配置了5 G优先,导致2.4 G的无线客户端搜索不到信号

　　B. 用户无线网卡未启用或无线网卡硬件开关未打开

　　C. 无线控制器配置了用户隔离功能

　　D. 用户无线网卡驱动异常

7.（多选题）解决同频干扰一般有哪些方法？（　　　　）

    A. 调整 AP 发射功率，调整天馈

    B. 合理频率复用，确保在相同或者相邻的覆盖区域不出现相同的信道

    C. 多使用全向天线进行覆盖

    D. 使用障碍物进行天然的隔离

8.（多选题）以下关于 H3C FIT AP 注册的描述中，说法正确的是：（　　　　）。

    A. FIT AP 在 AC 上注册成功后，显示的状态为 Run；如果注册不成功，显示状态为 Idle

    B. 在 AC 的 flash 中应存在与其版本相匹配的 FIT AP 软件，并确定命名正确

    C. FIT AP 注册过程中，必须保证 AC 上添加的 AP 型号与实际设备一致

    D. FIT AP 在注册过程中状态显示 ImageLoad，表示 FIT AP 正在从 AC 上下载软件

9.（单选题）下列哪个命令可以查看 AC 当前配置？（　　　　）

    A. display interface   B. display current-configuration

    C. display ap all   D. display version

10.（多选题）无线桥接（WDS）失败时，首先要进行工程安装规范的检查，下面描述正确的是（　　　　）。

    A. 检查当前使用天线的工作频率是否与 Radio（11a/11g）的工作频率相匹配

    B. 检查各个射频连接部件之间是否连接紧密

    C. 检查天线的极化方向是否一致

    D. 检查桥接的两端天线是否对准

附录 A 项目测试参考答案

项目 1

1.C	2.ABCD	3.C	4.C	5.B
6. ABCD	7. ABD	8.B	9.A	10.D

项目 2

1. BD	2.C	3. ABCD	4. ABD	5.D
6. ACD	7.A	8. ABCD	9. ABC	10.C

项目 3

1.E	2. ABCD	3. ABCDEF	4.D	5.D
6. BCD	7.B	8. ABCD	9. ACD	10. ADEF

项目 4

1. ABDE	2.A	3.D	4. ACD	5.AD
6. ABCD	7. ABCD	8.D	9. ABC	10.D

项目 5

1.C	2.B	3.D	4.A	5.C
6.B	7.A	8.B	9.D	10.C

项目 6

1.ABC	2.D	3.D	4.D	5.A
6. ABC	7. BCD	8.A	9.A	10.B

项目 7

1.A	2.A	3.B	4.A	5. ABCDE

| 6. ABCD | 7. ABDE | 8.B | 9. ABC | 10.C |

项目 8

| 1.BD | 2.A | 3.A | 4.C | 5.A |
| 6. BCD | 7. ABC | 8.D | 9.C | 10.D |

项目 9

1.A	2.A	3.（1）0B 02 C0 A8 0A 01 C0 A8 0A 02 （2）A （3）A		
4.C	5.D	6.ACD	7.C	8.ABCDE
9.A	10.ABC			

项目 10

| 1.ABCDEF | 2.B | 3.ABCDEF | 4.ABC | 5.ABC |
| 6.ABC | 7.ABC | 8.ABCD | 9.ABCD | 10.ABCD |

项目 11

| 1.ABC | 2.A | 3.B | 4.D | 5.ABC |
| 6.BD | 7.ABD | 8.ABCD | 9.B | 10.ABCD |